鉴赏名家说收藏

Stories of collection
by connoisseurs

张传伦
说供石

张传伦 著

荣寶齋出版社

图书在版编目(CIP)数据

张传伦说供石/张传伦著. －北京：荣宝斋出版社，2016.8

(鉴赏名家说收藏)

ISBN 978－7－5003－1929－0

Ⅰ.①张… Ⅱ.①张… Ⅲ.①观赏型－石－收藏－中国②观赏型－石－鉴赏－中国 Ⅳ.①G894②TS933.21

中国版本图书馆CIP数据核字(2016)第176782号

策　　划：唐　辉

主　　编：王敬之

副 主 编：徐鼎一

责任编辑：刘　芳

装帧设计：耕莘文化

图片摄影：张毅康

责任校对：王桂荷

责任印制：孙　行　毕景滨　王丽清

JIANSHANGMINGJIASHUOSHOUCANG ZHANG CHUANLUN SHUO GONGSHI

鉴赏名家说收藏·张传伦说供石

出版发行：荣寶齋出版社

地　　址：北京市西城区琉璃厂西街19号

邮　　编：100052

制版印刷：北京荣宝燕泰印务有限公司

开　　本：787毫米×1092毫米　1/16

印　　张：11.25

版　　次：2016年8月第1版

印　　次：2016年8月第1次印刷

印　　数：0001－2000

定　　价：98.00元

前　言

从上个世纪末开始，国内就掀起了一股全民收藏热，据说从那时至今，参与收藏的人数达到了七千万之众，各种指导收藏的书籍，如雨后春笋，成了当时各个出版社出版的热点。

但是，收藏是一个特殊的“行当”，它不仅需要理论，更重要的还在于实践。要命的是，自宋代开始，收藏就面临着赝品泛滥的尴尬。如今则更是作伪手段层出不穷，花样百出，使得许多收藏爱好者防不胜防，大上其当。这其中的“玄机”，远远不是那些或闭门造车、或东拼西凑的“指导收藏”的书籍所能胜任的。因此，尽管这类书籍热闹了一阵，随着时间的流逝，终于淡出了人们的视线。广大收藏爱好者更喜欢那些在收藏实践中脱颖而出、略有成就的收藏家讲讲自己的收藏故事。

于是，我们这套《鉴赏名家说收藏》的丛书就应运而生了。

本套丛书的所有作者可以说都是专项收藏领域的佼佼者。他们没有一个是在做枯燥的说教，而是充满深情地讲述着自己的收藏故事，介绍自己的鉴识经验，纵谈自己的收藏理念，还大胆剖析了自己的收藏心态，有些是朋友之间的“悄悄话”，作者却将它们公开了。

中国的全民收藏热已经持续了三十多年，广大收藏爱好者对待收藏类出版物，眼光也越来越挑剔。但是我相信，对于我们这套记录了收藏名家真实故事的丛书，即使是最挑剔的读者，也一定愿意将它们翻一翻，再翻一翻的。

王敬之

2016年4月于北京之涵斋

目　录

古石的品题和刻铭

室无石不雅，石无题不文。室无石不雅，早已成古今雅人的共识，至于石无题不文，就有很多讲究了。自然之石，大至名山大川的摩崖石刻，小至书房画室的笔架题铭，都可即兴题咏，历来的文人都雅好此道。名山胜迹之游，必写登临凭吊之意；古物文玩之赏，常刊幽深隽雅之铭，铭乃“古代刻于器物和碑石上，用以规戒、褒赞，纪事的文体”。石借题铭，焕然而出文采，观奇石赏佳铭，文化的意味也油然而生，乃有文石之称。园林石和案几石原系采自山野云岫间，玩家叠构于园林，清供于案几，更可怡然品题刻铭，从现今遗存的古石题铭中，人们仍可领略到它的幽幽风韵。

溪岸畔，层石叠翠，飞珠溅雪，石铭：“临流”。

庭院中，石笋高峭，苍鳞瑶柱，石铭：“听松”。

深院高梧下置一峰，兀岩峭壁，嵌崟历落，石铭：“惊岩”。

高架瘿座中立一石，云涡萦回，状如锁钥，石铭：“锁云”。

石上品题刻铭的历史，大有渊源。可以居、可以游的山水，深为古人所向往，但人们总因世俗事物的牵绊，不能置身岩下，与木石居，山野林泉、烟霞胜景可望而不可即，喧嚣的市井生活，失去了很多自然的乐趣，回归自然，返璞归真，是古人追求高品位生活的需要。秦汉时期，兴起了采取自然景物装饰园林的风气，构山叠嶂，广植花木，于石上品题刻铭，无疑滥觞于此际，虽然今日考古，尚未发现有秦汉年间刻铭的峰石出土，或有之，而不能确定。在与秦汉相距不很遥远的魏晋南北朝时代，写出“采菊东篱下，悠然见南山”这一千古名句的陶渊明，性酣酒醉，仰卧在宅院菊丛中的大石上，恰是这块“曾送渊明入梦乡”的石头，有幸获得中国第一块冠名石的殊荣，喻之曰“醒石”。这只醒石，在庐山山麓，安栖了一千几百年，巨石如砥，纵横丈余，仍是今日游客仿古观赏的胜景，石之上下，遍立古今刻铭，阴刻填绿的“醒石”两个擘窠大字，业已无从考据，究竟是什么年代所刻。

唐代懂石，最会玩石，藏石恐也最多、最奇的竟是名相牛僧儒、李德裕。二人政治立场大相径庭，常年党争不休，于玩石上却可称一对石痴。李德裕凡得到一只奇石，便刻上“有道”二字铭文，李德裕为何偏嗜以“有道”二字，屡题石铭，不忌重复，这其中的深意，今人很难寻绎得明白，李德裕晚年获罪被

英石 红木雕泥鳅背随形座 雅典集藏

贬至“惊飘瘴雾，夜半凄风似鬼魈”的海南岛，失去了权势，告别了一生钟爱的奇石，当年的卫国公，“长亭饮泣”，万念俱灰。谪居海南的历史名人，最著名的有两位，李德裕是一位，另一位便是鼎鼎大名的苏轼，两人都有爱石之雅好，且同遭蹭蹬，东坡先生却以云水般豁达的胸襟，慨然承受，仍是“策杖东邻尽薄醪”，这高风依旧、拂袖云飘的洒脱，才是千秋名士的风采。苏东坡曾得石于中山后圃，极爱之，即赋“雪浪诗”一首：“……千峰石卷矗牙帐，崩崖凿断开土门。揭来城下作飞石，一炮惊落天骄魂。承平百年烽燧冷，此物僵卧枯榆根。画师争摹雪浪石，天工不见雷斧痕。……”“雪浪石”险峻峥嵘的形态，有如石破天惊，摄魂动魄，虽鬼斧神工不能办也。东坡遍请画家为石绘像，又在铭文中用“玉井芙蓉丈八盆，伏流飞雪漱其根”称赞石中旋绕的笼络白脉，面对朝夕相处的“雪浪石”，东坡深感它的美是无法言喻、无须多说的，遂刻石铭为“岂多言”。此刻铭之妙，可为千古石铭之最。与苏东坡同时代的米芾，被后世奉为赏石的盟主，此公的石缘极佳，曾得南唐李后主珍玩“宝晋庵研山”，研山是一块奇石形砚台，峰峦洞壑，山之奇瑰，无不尽有，可从米芾亲撰三十九字的铭文《研山铭》中，一窥研山真容，“研山铭。五色水，浮昆仑，潭在顶，出黑云，挂龙怪，烁电痕，下震霆，泽厚坤，极变化，阖道门。宝晋山前轩书”。研山久经沧桑，最终失传。值得欣慰的是，米芾手书《研山铭》长卷，2002年，自海外回归故里。

宋徽宗玩石，是以九五之尊、倾国之力来运作的，“花石纲”石，巧夺天造，雄奇峭峙。徽宗又在这些奇石中选出六十五石，依其形质，亲躬御题，逐一封爵刻铭，其中一块高五丈的太湖石，盘坳雄秀，徽宗喜爱至极，亲封“盘固侯”，赐金带。其余亦一一题铭为：怒猊、巢凤、吐月、扪参、曳烟、抟云屏——并依形绘图，定名为《宣和六十五石》。

奇石是世间难得的雅物，品题得体，刻铭适当，摹以形似，掇之意蕴，即便稍置一二妙语，尽可得风流曼妙之趣。铭文的书体，真草隶篆兼可致用，踪迹流派朗然可见。又多以隶书出之，隶古逮意，非隶书不足以被丰碑而凿贞石。

闻名于世的江南三大名石，石铭各自为冠云峰、瑞云峰、皱云峰，以云喻石，又择单字“冠、瑞、皱”，分奇揽异，俱得真韵。

明代文学家张岱在《陶庵梦忆》中，点评仪征汪园峰石，“余见其弃地下一白石，高一丈阔二丈，而痴，痴妙。一黑石阔八尺高丈五，而瘦，瘦妙。”痴妙、瘦妙，以作石铭，名人品石用辞，真真匪夷所思，妙言高诣，庸夫俗子，岂可品得此中三昧?

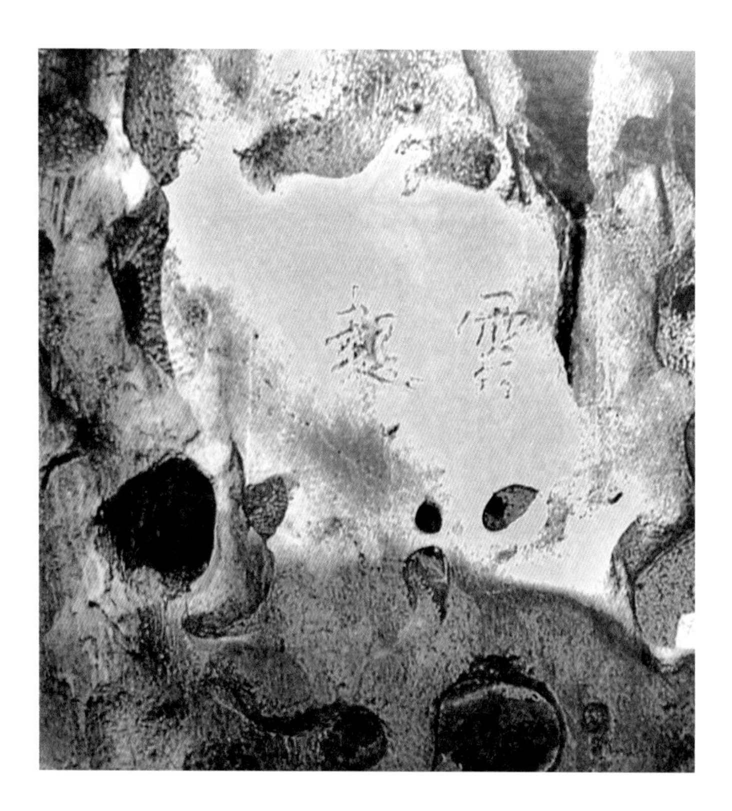

太湖石 北京北海公园藏

灵璧石 “柳泉”背面铭文

明代藏石大家，《素园石谱》的作者林有麟“青莲舫”藏石，只只奇妙，虽皱、透、漏、瘦未可尽其佳妙，林有麟葆弆多只祖传遗石：玉恩堂研山、青莲舫研山、敝庐石、玄池石——清供雅玩，终老一生。林氏一门官僚文人世家，有麟固登高能赋、作器能铭的一代俊彦，曾于其祖父得于元代道士贞居子所蓄玉恩堂研山，高可径寸、广不盈握间奏刀刻铭：“青云润壁，是石非石。蓄自我祖，宝滋世泽。”

咫尺之间的案几奇石，缩得山川形胜于一体，“竖划三寸，当千仞之高；横墨数尺，体百里之迥。”古人又说：“种花招蝶，终不如买石得云。”石铭便大多从山、从云，曾见有：“云根”“瘦云”“片云”“云岫”——扬州八怪中的高凤翰，索性拈出名山作石铭，缩得“小方壶”“小祝融”于几案间坐玩。或以龙凤螭鳌、麒麟、蝙蝠为石铭，取其吉瑞。或以斋室堂号直入石铭，例：“海岳庵研山”“玉恩堂研山”。苏东坡反其义而用之，以石铭“雪浪”命其斋室为“雪浪斋”。更有以石铭志，石铭简言不繁，却可见题铭者的品格风仪。明代张

太湖石 张棋藏

太湖石 张棋藏

居正珍藏一崂山绿石，此石墨色，岚翠拂青，平嶂方岩，不假峭拔的外形，高闲天成，雄浑朴茂，正居正一流人物，善养之石，石铭："端岩踞肆"。张居正，字叔大，号太岳，大明一朝威名赫赫的宰相良臣，万历首辅，当年神宗年幼，国事都由他主持，前后当国十年，改革政治、经济、军事，皆有成效。其人端严肃毅，刚直不阿，"端岩踞肆"，岂能仅以石铭作观，真是生可作居正像赞，死可当居正墓铭。

清朝的乾隆，也是一位爱石的皇帝，幸运的是，他没有像宋徽宗那样走火入魔。乾隆得石，索题刻铭，高古风雅，还要赋诗抒怀。紫禁城建福宫前，小庭院正中有一座八角形的汉白玉须弥座，座上围以青铜围栏，中立一只挺拔俊秀的巨峰，高四点五米，突兀嶙峋，遍布孔穴，或大如盅盏，或小如蚁穴，耸立在浓荫之下，清幽的庭院，得此一石，愈加古雅静谧，乾隆皇帝很是欣赏，赐石铭"文峰"。于乾隆四十一年，御制《文峰诗》一首，在这首七言长诗中不仅描述了"文峰"的来龙去脉，更难能可贵的是，诗中有："宋家花石昔号纲，殃民耗物鉴贻后。"这两句，表示出要以宋徽宗"花石纲"耗物殃民的历史，引为训诫。

颐和园乐寿堂院内的青芝岫，是明代末年米芾的后裔米万钟在京畿之地的房山睿目识得的，当即爱之难舍，石兴大发，竟不顾一切地要将这只上百吨重的巨石，运回勺园，装点园林。单是运资之费，以致米氏家财告罄，无奈之下，弃荒于中途，后乾隆皇帝将其运至颐和园，安置在乐寿堂院内。乾隆视若国之重宝，政暇之余，每每端座在乐寿堂内的紫檀龙椅上，放眼览幸这千古恒定不变的巨石，以为是征兆永世四海升平，天下一统的祥瑞之物。石上乾隆皇帝亲书御题此石的石铭，竟有三款："石英""莲秀""青芝岫"，乾隆最喜"青芝岫"一铭，并题诗多首，足证对此石钟爱至深。宫禁御园中的奇石，大多经乾隆品题刻铭，铭文无不富丽典雅，"搴芝""起云""绘月""青云片""青莲朵"——

太湖石 北京中山公园藏

藻宋高逸，兹不一一列举。

清代中期，南粤富商吴氏藏一英石横山，千岩万嶂，迤逦长亘，下有陂陀，若临水际，宛然衡岳排空，沅湘九曲，潆洄其下，壁镌石铭，“南岳真形”，八分书体。

两淮盐运使赵之璧所藏祖传英石石峰，石高三尺，上阔下狭，下分三足，立于紫檀座上，观之有奇峰入云之势，四字篆书石铭：“一柱擎天”。

灵璧石 日本佐藤观石藏

1995年秋，笔者江南访石，在江苏无锡一曹姓老者家中，获观一只上镌苏东坡、黄山谷名款的灵璧石，石峰上深刻“狮峰”二字篆书石铭，苏、黄二人题刻的行草铭文，皆著几十字，因年久稍呈漫漶，无缺泐，笔画之间散朗生姿，遗憾的是当时没有熟记铭文，只依稀记得如下几句：元丰二年，东坡得石于黄州□□亭——黄山谷见之亦喜云云——据老者讲，此石是20世纪50年代，挖河的民工从河道中掘出，老者以廉价从民工手中购得。

民国以降，石艺渐衰，雅道陵迟，不复南宫高致。

20世纪90年代，石艺骤兴，屡有佳石秀峰起于深山碧水，为时人筑园叠山、案几清供所用。唯有品题刻铭一艺，难涉深雅，观所题铭，令人捧腹！原本是一只磊坷多奇的大石，刻上“巨峰”二字，以彰其大。清泉石上流，更有高手见之，刻铭：“流水潺潺”，山石大小高低、流水缓急澈注，有目共识，凿之以铭，恐人不知，若非其俗在骨，难有此举。幸有海内一二高贤，深悟石理，精娴石道，得岱顶峰石，妙撰：“东方既白”。拥灵璧磬石，雅题：“太古音藏”，发人幽思，无怪乎那击石的小木槌，便要被沧州青年才俊喻之曰：“课虚叩寂”了。

灵璧石 “锁云”刻铭 佐藤观石藏

溥心畬的“方壶”

大清倾覆了，皇族贵胄的溥心畬，这位清朝最显贵王府的后裔，苍茫四顾，天下之大，前途渺茫。早岁留学西洋，正儿八经读到手的两个博士头衔，一旦真到拿它换饭吃的时候，才知道高耸的博士帽换不来丰盛的每日三餐。最终，还是靠着皇室子弟余存的最后那一点才华——写字、画画的看家本领，依赖着从小受到的最好的教育，那是自开蒙起，便是由举国最博学的老师教授学业，纵便是经史子集未能读通，一笔好字，总归摆得上台面，画画《芥子园画谱》上的竹兰，摹写“四王”、吴、恽的山水，终有几分工致的模样。宗室觉罗的后代，不乏丹青高手。当年的恭亲王府——萃锦园，亭堂廊榭，花木扶疏，溥心畬采掇园中野卉，特选江府灵沤馆笺纸，拟写一册《秋园杂卉集》，以双钩之法，纵笔写生，写不尽秋园一草一木的风华蕴藉，厅前的那一架虬曲藤罗，即是二三百年前的古本。秋菊秋葵秋海棠，满纸的瑟瑟秋意，却摇曳出婉丽清幽的意韵。晚年的溥心畬是孤悬海外的迁客，我只见过他此际所绘的一幅秋山风景图，还是一样的讲究纸好墨精，构山叠嶂，皴擦点染，一如既往，叵耐山河变色，敷下石青石绿的真颜色，遮盖不住的是萧条凄凉。心畬南渡前的画作书品，清逸俊秀，潇放空灵。伤心王孙怀抱的温山软水拂不掉往日空蒙的幽影。尺幅冷笺，冰纨蚕素间刚好容下“松巢客”的雅致心灵。董桥说他：“旧王孙一生情系古典，醉心纤秀灵奇的艺术，笔下故国山水固然都在小处着墨，字幅也尽见小联、小诗、小笺之功夫，直似乾隆盛世文房珍玩那样雕琢出来的气韵，发人幽思。”

溥心畬的画作，能于方寸之间，占得风流，愈是小品，愈见品高幽远。举凡意境、气韵，也尽在咫尺之内，淋漓尽致。更兼风骨劲健，很是撑得住。他的端楷小字，恰好搔到唐人痒处，20世纪四十年代，心畬用这种书体，写了不少精

灵璧石 红木随形座 溥心畬旧藏

灵璧石 理查德·罗森勃姆藏

到的小楹帖，据说是每日的晨课，行家作手，一望而知，乃自圭峰禅师碑最深处来，横画这一笔，都取右上的欹势，夭矫奇纵，得成亲王永瑆锋棱兀傲的家法真传，历来为海内外藏家珍重，楹帖字幅的尺寸，尚不足一尺，价格却在四尺楹帖之上。书画的润例，以尺计算，实为俗规，不足效法。多年来，我也曾蓄藏了几件溥心畬的团光、扇面、册页、斗方、小条屏、小楹帖这一类的文房妙品，无奈日久，禁不住同好的诱惑，大都星散云落，所剩无几了。唯独溥心畬的两件东西，情有所钟，恐怕是要终身相伴了。其一，溥心畬辛巳年款的一对小楹帖，书于洒金手绘团光云凤纹色宣之上，“九茎芝盖云衣合，百石铜盘露颗齐。”联句内容巧妙契合，正好应对我的收藏雅好，我喜藏奇石、古铜，有此佳缘，这对楹帖便一直挂悬在我的书房。其二，更是不得了的人间至宝，谁能想到，竟是溥心畬收藏的一只灵璧奇石，心畬的爱石自有家传的渊源可鉴，昔日的恭王府，华堂桂栋，佳树古石，饶山水之趣，府内曾堆叠一座木假山，为世所仅见的孤品。溥心畬的这只灵璧石，石色黝黑，包浆亮雅，识者可知其年代旷远，当为宋元间物，寸峰之间，危岩耸峙，石格高古，益觉石气森然，若娴通音律，以手叩石，即可奏出音节，显为浮磬山中所出八音灵璧磬石，不知曾为几代藏石大家奉为几案间绝尘妙设！举近观之，石凹处，刊有“心畬”方形细朱文小款，其上方刊“方壶”二字铁线篆。我得石后曾捧至溥心畬的堂弟溥佐先生府上，恭请溥老清鉴，溥老掬石在手，细细观摩：“无疑无疑，正是儒二爷的爱物。”经溥老法眼精鉴，匡定为真品，我一时欣喜不已，忘记了礼貌客气，冒然询问：“何以见得是溥心畬的藏品？”溥老是慈爱的蔼然长者，并未怪我无理，又教我：“此石形质俱佳，与宋代名石‘壶中九华’之奇美在伯仲之间，非凡夫俗子，所可梦见！

灵璧石 石上刻有“元符二年”字样

灵璧石 “洞天福地”

心畬的石铭落款，你仔细审看，均秦汉刀法，真气毕现，不知你从何得来？”我如实禀告：“购自北京琉璃厂的古玩店。”我要告退时，溥老又叮嘱我几句，谆谆话语，令我受益良多，至今言犹在耳：“溥心畬的书画还见得着，溥心畬的藏石除此之外难找第二块，你才三十多岁，这等稀罕宝物，你要是留不住，还玩什么收藏？”多年来，我谨遵溥老的教诲，一直宝藏在身边。得石没有几年，卖我石的那位北京古董商，每次碰面，都不忘磨我，加润再倒给他，我始终不为利益所动。

奇石的灵异，蕴藉深蔚，且不论石道如何深邃而宏奥，即石体表面的刻款铭文，学识浅薄，又不做细心鉴识，也会考据失误，贻笑大方。我初涉石道，奇缘

灵璧石 “柳泉”

骤降，得先贤大家藏石于京都厂肆，每日朝夕清赏，未加深考，误将溥心畬特为此石镌刻的石铭“方壶”，当作元末画家方方壶的铭款，后幸遇方家匡误。那一日，著名收藏鉴赏家兼作家的好友章用秀先生来寒舍小叙，物遇明主，我乃出示此石，请用秀清赏，章先生喜其古雅，一番把玩后，赞许道：“石好，溥心畬的石铭题得也妙，借得海上仙山‘蓬莱、方丈、瀛洲’中的‘方丈’命此石。方丈又名方壶。”听罢，我方恍然大悟，深为用秀兄的睿识而折服。

精舍独坐，面对灵石，我曾遐思，不知溥心畬究于何时、何地获此灵石？而失却此石，想必在一九四九年前夕仓惶“避秦”之日。台海一渡，永别家园，独立孤峰，远眺故国山河的溥心畬，此刻还能忆起“萃锦园”中那一茎残山吗？“方壶”安在？“巨鳌莫载三山去，我欲蓬莱顶上行。”名号“西山逸士”的溥心畬，叹吟至此，逸兴湍飞，值此清夜良宵，当执“方壶”，清供于宣熏之右，万籁幽幽，紫烟袅袅，心畬叩指弹石，泠然一声，孤桐飒裂——

明月依旧，溥心畬到老，也未能一圆故园旧梦。

（溥儒，字心畬，号松巢客、西山逸士，著名书画家，与张大千齐名，有“南张北溥”之誉，解放前夕，移居台湾。）

一只原配紫檀座红木架的清代英石

1995年，我常出入天津沈阳道古物市场一爿名为“宣风堂”的古玩店，赏玩购藏一些我喜爱的古玩字画、瓷器、铜器、竹木牙角雕和各种杂项。光顾的目的，主要还是为了别漏掉好的东西，占位这个市场，得地利之便，最盼望收进几只古石。当时，我在天津玩古石的名分，已拔头筹，好的石头，大多是被我买走了。沈阳道市场的古石行情，还不像现在这样走俏、火爆，大多数古玩商人不懂古石，觉得行内求古石的人很少，属冷门，往往是一只古石，在市场冷摊上摆了两天（沈阳道古物市场，是每逢周六、周日成集，摊群林立）乏人问津，下个周末，才被我发现买下。现在这种好事已很难碰到了，如今上眼一点的古石，哪里还用拿到市场炖汤靠卤等人去买，打一个电话，货没到家，就卖了。我还清楚地记得20世纪90年代中期，不是翰海就是嘉德两大拍卖公司中的一家，拍卖一只清代陈希濂款淄博文石，此石横山迤逦、石骨嶙峋、石气苍古，带原配老座，殊为难得的是文石底部，有陈希濂刻铭，这样一只现在看来十分难得的妙品，在这次拍卖会上也只是争购了几个来回，最后的落槌价，不过万元，这个价格如果搁到现在，根本无法想象，恐怕要折好几个跟头了。

有一天，我正在店堂闲坐，一位也在市场开店的古玩商，进店后还没坐稳，就对我说：“传伦你不是要好东西吗？你不是玩石头吗，现在有一块绝伦的石头，原是一个清真大寺的镇寺之宝，包你老，原头货，还带两层木座，上层是紫檀座，下层是红木架，都随形，你要不要？能出多少钱？”我一听这是件好东西，又是古石，立时来了精神：“当然要！我开店是为嘛，不就是收东西吗？你去办吧。”此人一听我兴趣很大，便卖开了关子，露出了古董商人狡黠的一面，“我买还能买不来吗？就是价钱贵点，我心里没根，到时候买了你嫌贵不要，怎么办？我光剩抖擞手了。”东西我还没看见，他先把价钱哄高了，这也无妨，先能见到东西为好。我便问他：“得多少钱？”“两万五千块，”我一听这价，并未高得离谱，只要东西好，我能够欣然接受。我心里很踏实，相信别的古玩商是不会用这个价钱去买一块石头的。于是我就说：“如果真像你说的那么好，东西开门老，又带两层原配座，我要了，价钱由你。”这位古董商人，忙不迭地说：“好好好，你等着我去办。”过了几天，他告诉我：“东西我已买到了手，就是紫檀座有点残，我已找人去修了。”我一听，就有些担心，怕他找糙手整修，图省钱，这样会适得其反，把座修坏了。我当即告诉他：“不用你修，我买了自己修，该多少钱还是多少钱，你也不用花修理费。”他说：“人家已经动手修了，你等几天吧。”此后，我就在焦灼中度过了难捱的几日，大凡玩家都有这种经

英石 红木雕树瘿随形座 苏州网师园万卷堂藏

历，知道有了好东西，又见不到，苦心等待，是很挠心磨人的。可事后回忆，正是这个过程，最堪回味，迷在其中，玩古之趣，有此一乐。一周后，石主来了电话：“来我家看东西吧。”放下电话，我急匆匆下楼，打的一会儿到了地方，未加寒暄，他就把石山搬了出来，我一眼就看准，石是英德古石，托是两层，我又搬下石头，审视他请人修后的石座，不幸被我言中，活儿修得很差，这只紫檀座残缺了五分之一，修坏的这部分不如不修，与原座的工艺水平相距太远，俗工恶技，不由地令人心底起火。原配紫檀座，是十分精美高古的京作紫檀工，上雕海水山石水草——这位清代的良工巧匠完全按玉石山子的底座做工，石底部与紫檀托座刻琢的景物契和妥帖，座面上不见落槽，这是在石头托座上罕见的做工，一般的石头做托座，为立稳石头，只是在木座上凿出落槽，撑托住石头即可。石头托座虽说没有修好，但瑕不掩瑜，无伤大雅。所以没有降低我对这块石头的兴趣，石主揣摩出了我的心气儿，就等着我索价了，我也不想多跟他废

英石 紫檀木座红木架（带红木玻璃罩） 张传伦藏

时周旋，单刀直入："多少钱？"令我实在没有想到的是，石主背弃前诺，竟要出了四万五千元的高价，我闻听后十分不快，对方不讲信用，有悖行规，我不客气地数落了他几句，至今我记得很清楚，当时正是溽热的三伏天，我擦着头上的热汗，口气却很冷："大热的天，你这不是折腾我吗？事先讲好了两万五，我说可以接受，东西来了，你又要四万五，我不要，你卖别人去吧。过完价，我们再谈。"说罢，拂袖而去。我这并不是故意摔他一下，这只石头甭说四万五，两万拿到市场也不会很快卖掉。卖不出去，正可杀杀他的贪心。石主第二天就把石头拿到了沈阳道的古物市场，摆了十来天，只是一两个人有心谈价，可出价没有超过一万的，这十天内，我没睬对方，十天后，我进得门来，冲着店老板说："怎么样？价过得怎么样？现在要多少钱？"店老板无奈地说："你给吧。"最后我以一万三千元的价钱买走了这只古石。

这只古石，老则老矣，但卖相并不赢人，应是多年来，没有清供于厅堂案几之上的缘故，被人弃置、散落在某个角落，甚或是露天，无人抚玩盘挲，云窝峰洞中，充塞着很多尘土和赃物，不见包浆，几年后，一位沽上石友，见到这只古石，置放在我家丈二翘头案上，朗貌清姿，深雅苍然的幽幽古意，弥漫于室中，石友感佩而言："当初我在沈阳道的店堂里见过这块石头，当时不是这样，我还以为不老，怎么到你这儿就变了样？"殊不知，虽说石养人、石不能言最可人，可石亦需人供养，当时这块石头，一如蓬头垢面的美人，请回家后，我先用清水濯洗，尽去浮污，软布揩干后，再用软刷刷拭，又经几年盘养，秀骨尽现，神气逸人，石两端安然置于紫檀座上，中空如洞，这种石形为清代最为推崇的过桥形，现今苏州园林中，尚存一两只可资鉴赏，尤以网师园万卷堂中供案上的那只过桥形英石为妙。然如笔者所藏的这只带有原配紫檀座、红木架的案几古英石，仍为当代石界所仅见。

太湖石的大小分宜

藏石的品类繁多，各具奇妙，应以太湖石为冠，自中国古代流传至今的赏石四要素："皱、透、漏、瘦"，实为太湖佳石的标准，对传统赏石模式产生了深远的影响。历史上众多流传有序的名石，都是太湖石。太湖石是一种溶蚀后的石灰岩，因主要产地在江苏太湖地区而得名，以苏州太湖东山、西山一带所产最具观赏价值，此两处水域下有暗涌流动，湍流激注，湖底的太湖石在水的因子年复一年、日复一日的冲击下，多成空洞，形成千姿百态的奇石，历史上对太湖石规模最大的一次钩沉探采，是宋徽宗赵佶倾国之力，发起的"花石纲"庞大工程。宋徽宗妄信道士的徒托玄谈，为祈福降瑞，在京城汴梁开筑"万寿艮岳"，敕命梁师成、朱勔到江南各地，采取奇花异石，运至汴梁，史称"花石纲"，石多采自太湖，悉为装点方圆十几里的艮岳所用，"万寿艮岳"豪奢庞大的景观，今人可从宋代张淏所著《艮岳记》获知情形："上颇留意苑囿，政和间，遂即其地，大兴工役筑山，号寿山艮岳，命宦者梁师成专董其事。时有朱勔者，取浙中珍异花木竹石以进，号曰'花石纲'，专置应奉局于平江，所费动以亿万计，调民搜岩剔薮，幽隐不置，百计以出之至，名曰'神运'，舟楫相继，日夜不绝，广济四指挥，尽以充挽士，犹不给。"十船为一纲，载来的神运花石"雄拔峭峙，巧夺天造，石皆激怒抵触，若碮若齿，牙角口鼻，首尾爪距，千态万状，殚奇尽怪……”徽宗又在这些奇石中选出六十五石，依其状、质，亲躬御题，逐一封爵刻铭，其中一块高五丈的太湖石，盘坳雄秀，徽宗喜极，亲封“盘固侯”，赐金带，其余亦一一题名，并依形绘图，定名为《宣和六十五石》。徽宗倾尽国力，大张石艺，耽好“石皆激怒”，不顾人皆激怒，民不堪负重，引发了“花石

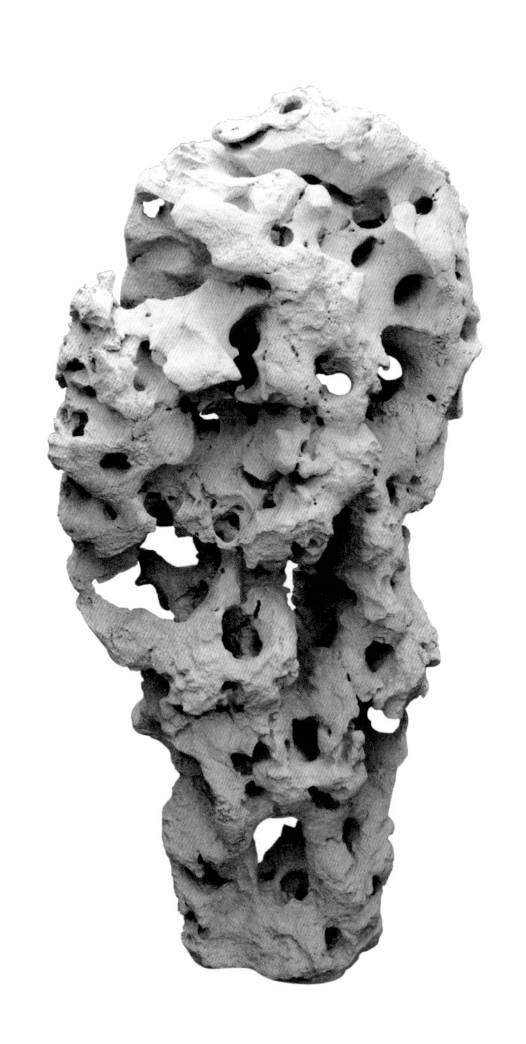

太湖石 张棋藏

太湖石 张棋藏

太湖石 张棋藏

太湖石 红木雕树瘿随形座 张传伦藏

太湖石 汉白玉须弥座

纲”起义。外患也迫近了汴京。就在艮岳历经六年方始建成不久，金兵攻下北宋的国都汴京，破城后，艮岳上的部分太湖石也被金人车辇运至北京——这是徽宗玩石无度的负面结果，但若将北宋国亡，归咎于玩石所致，实欠公允。赵佶以帝王之尊，深厚的艺术素养，倡导石艺，丰富、发展了中国石文化。现今散布在大江南北的古奇石，大都是徽宗所遗的宣和在纲石，皆为石之精英。如现存苏州留园的冠云峰，苏州第十中学（原织造局）置于一泓盈盈碧水中的瑞云峰，上海豫园内的玉玲珑，更可谓石符其名，剔透玲珑之美在于通体遍生洞窍，洞洞相连、窍窍相通。若自石上注水，则洞洞帘垂；石下焚香，则窍窍生烟。北京中山公园有一名青莲朵的太湖石亦是北宋遗石。石呈淡青色，遇雨后有奇诡的色变，现出朵朵白花，恍如夕晖残雪。乾隆下江南时，发现了此石的佳妙处，运回圆明园，后于民国年间，移至今日所在。一千年前的“花石纲”之路，由江南至汴梁，关山迢遥，水路环生，为防入纲奇石破损，发明的古法包装，今日犹堪可用，《癸辛杂识前集》备述详尽：“艮岳之取石也，其大而穿透者，致远必有损折之虑。近闻汴京父老云，其法乃先以胶泥实填众窍，其外复以麻筋、杂泥固济之，令圆混。日晒，极坚实，始用大木为车，致于舟中。直俟抵京，然后浸之水中，旋去泥土，则省人力而无他虑。此法奇甚，前所未闻也。”艮岳遗石，今日流传大多巍然巨石，石表多洞穴，嵌空灵透，气势宏大的洞穴，更易吸纳万千气象，动魄惊魂，唐代诗人白居易在《太湖石记》中有相关描写：“风烈雨晦之夕，洞穴开颏，若欲云之歕雷，嶷嶷然有可望而畏之者。”艮岳遗石，从未见有案几文房小石，惊现于世，这自然与宋徽宗性喜园林大石有直接关系，因园林石势必选用巨峰大石，方可与园中景观两相切合，又缘宋代不似明清年间流行案几石。各类奇石皆有大小之分，小可一拳盈握，大者标逾檐际，唯独太湖石异于他石，可供案几的小块美石极难觅见，太湖石较之灵璧石更“少有婉转之势，须借斧凿，修治磨砻，以全其美”。乃因太湖石皴皱孔洞的体量较大，小块面积上平坦无奇，取之寡有趣味，雕刻后的太湖石，往往再被投入湖底，经多年水冲淘洗，人工痕迹最终与石体的天然本质浑为一体，而且这种人为的雕工，极其有限，并非显示人工之巧，而是模仿自然，正如明代文震亨在《长物志》中评说石经人工雕凿后“若历年岁久斧痕已尽为雅观”。人工治石，这一不得已而为之的做法，在不经意间成就了一个十分重要的意义，即：“奇石因为曾经雕刻而堪称中国最古老的抽象雕塑，这种认识足使中国雕塑艺术在唐代以后或佛教以外未获发展的观点休矣。”（《御苑赏石》语）

1992年，笔者入藏一石，说来有趣，这本是一只世间少见的古代案几太湖石，我却一直视为灵璧石，常年作壁上观，不以为谬。1993年夏季，海上藏石家周纪文先生，北上访石，相约来我摩石精舍探访，对我置于书案上的这只“灵璧石”清赏良久，赞叹不已：“这块太湖石，洞天灵透，包浆苍润，高仅过尺，真是文房妙物，这样小块的太湖石，才更加珍罕，世所难觅。”这只以外，我多年以来，只在无锡‘鼋头渚’周围的一片小园林，20世纪60年代为彭德怀元帅的颂系之所，见到几只小太湖石，饶有风致，可供案几。园方将太湖石以水泥黏合，砌于园圃边围，借以隔开甬路，累经日阳月阴、霜晨夜雨，以致石色斑白。纪文又告我：“这种包浆，只有多年露天置放才可形成，与供置于亭堂廊榭间的案几古石的包浆完全不同。”我乍闻此言，大为惊诧，纪文把石，细说微妙，再与旧藏灵璧石比观，我方信纪文所言不虚。这只太湖石偶得于沽上人家，平日我常去天津黄河道的一位老者家买些瓷器、杂项类古玩，这一日，得暇又去走动一番，环视四壁一周，没见几件对路的货，寒暄几句，正要告离，忽然在八仙桌下，看见倒放的一块石头，我十分惊讶我的发现，因先前从没见老者买进过什么石头，我弯腰搬到桌面上审视，老实说我搬动石头时的手感，柔润贴手，已断定这是

太湖石 张棋藏

太湖石 张棋藏

太湖石 汉白玉莲花座

一块古石，老者古玩行干了几十年，经验老到，早知我来了兴趣，于是笑呵呵地放话熏我："石头是一大户人家的，我盯了十年，算我有德，这不上午刚买来，大明的！原来还有一紫檀托座，主家没当嘛，早就找不到了。"我说："石头倒是旧的，年份绝不到大明。""那你可就买不了了，大明的，价钱高，我买的也贵，人家也不是傻子。"说话间，老者佯作要把石搬走，不再和我谈的架势，我按住石头，问："多少钱？""少四千不卖！"四千元的价位，他能崩出来，显见得，此老是识货的。物有所值，还算公道，我照价付款后，抱石回家，未加歇息，开始养石的第一步：清水洗石，冲去浮垢，揩干后的湖石，苍润清癯，秀骨毕现，我的藏品中还没有一只这种类型的奇石。清玩、审鉴了几个月后，我亲操斧斤、妙施刻刀，琢红木老料，制成一只树瘿随形托座，这只太湖石稳居落槽中，托座的苏作风格，愈发衬托出湖石的独具风韵，洞天环壁，岚岫生烟，他日，当择一天朗云开处，勒一石名："玲珑天矫"。

佳石养宜，悠悠数载，阴雨晦明，不误观石，日久觉其"气色通晴阴"，晴天石表泛白，雨日石表润青。日暮寒暑，以手叩石，声亦不同。倘非石古生灵异，焉有此预卜晴雨之功？

石有新旧之分

近几年来，伴随着石文化的快速发展，各地奇石店、馆林立，我常收到各类石展的请柬，致有应接不暇之苦，实在是因为我于新石的认知是：只可欣赏，不愿收藏。专心致力于古石的研究与鉴藏，不单是一己的兴趣使然，而是能力、精力有限，不得不有所选择罢了。然于新石，笔者绝不敢有半句的菲薄之词、一点的唐突之意。我绝对赞成，若古人拒纳新石，岂有今日古石流传的道理。新石收藏的勃兴，越发显得古石的珍贵，价格飞升，和十年前相比，真有霄壤之别，古石慢慢恢复了它应有的价值。但仍不及唐人对石的爱惜程度，唐时，一只奇石可换得一张唐代大书画家的作品，今日观唐人真迹，无疑是价值连城的国宝。若真有唐代古石流传于今，价值恐也难超越百万元，也就是唐人真迹价值的十分、百分之一。当今古石的价格仍处在上升阶段，空间广阔，有些古董商人却按捺不住急于挣钱的欲望，急不可待地四处搜罗古石，买了再卖，卖了再买，常有打眼买了做旧新石、败走麦城的经历，事后抱怨鉴定古石的真伪如何如何困难，例如“古石究竟怎么看？我怎么新旧分不出来？有的新石头也有包浆”等等诸如此类的问题，求教于方家，说到底还是对古石缺少了解，见得太少，眼界穷狭。不见古石、少见古石，自然难知古石为何物，难怪一百多年前日本的文人石川淳先生曾经这样说过：“听说有个古玩鉴赏家曾告诫晚辈，只管看名品，莫去看劣作，被劣作弄脏眼睛，遇到真品也鉴别不出，如果平时看惯佳品，见到劣物一眼即能识破。”这一番话，真可为方家之言，不是藏海浮沉的里手，是讲不出来的。古石的鉴定，依笔者十几年收藏的经验而论，有它的特殊性，石头自然生成，每一块都有独具的特征，绝没有一模一样的两块石，千石千面，不类其他古玩，如古瓷、铜器，都有标准器可资借鉴，采用鉴定中的比较法即可一辨真伪。石头没有标准器，无从比较鉴别。石多受地域、气候等外界条件影响，石在地上、地下、室内、室外，外观上形成的包浆、皮壳，各具特色。多年供置在案几上的石头，且有主人经常盘玩，石的包浆亮雅，旧意明显，这类石最好鉴定，俗称“一眼明”“开门老”，作假者，便极力仿造这种包浆，将新石头用抛光机，打磨出光，涂上颜色，再上蜡，用鬃刷、麻布不停擦磨，石面上慢慢形成一层黝

英石 雕树瘿随形红木座 （此石具有南方古石包浆特色） 苏州园林藏

黑的包浆，外行人一看，以为古石无疑，阅石不多的古玩商人也会上当受骗。时下的古董商人，买古石第一要求有原配老座，石有无老座，价格上相差很多倍，更重要的是，借用老座这一旁证，来认定石的古旧，单看石头，这些人还没有足够的眼力。笔者行文至此，语涉新旧，不由想起曾有多人问我："每一块石头都是老的，是亿万年前的产物，怎么会有新旧之分？"是的，此话也没错。区别在于，一只古石在古代远至唐宋、近及清末民初，便有人供养于园林厅堂，为其制盆、配座，或刻以款字石铭，这只石头若能传承至今，当是古石。新石乃刚从土中挖掘出来的石头，未脱地穴阴气，一块生硬的顽石而已。藏家也有眼力不济，错把古石看成新石，赔钱还丢了面子。南方气候潮湿，水分作用于石体，石不易上浆，也不易显露老皮壳，多呈灰色浆口，再碰上藏主久不盘玩，石上更不见一点老石的光头儿，外行人必以为是新石。苏州园林厅堂中供置的古石，即是此类石，只需到苏州园林一游，当信笔者所言不虚。

数年前，笔者在一古玩商人家购得一只英石，石高七十余厘米，除中有洞天，符合传统赏石的标准外，石峰郁勃突怒，极似海底千年生成的珊瑚。石呈珊瑚状，是古人推崇之至的神品，以为祥瑞之物。仔细审观下，感觉石色有些异常，黑色无变化，原来竟是卖主嫌石皮壳不显老旧，涂上的一层黑墨，原本是一块雅光鉴人的灰浆口英石，被外行人弄成这等不伦不类的样子，所幸可以洗掉，还其原貌，尽除墨色后，英石的坎岫皴皱，一览无余。我又有新的发现，石的奇异造型，竟有一半是人工雕刻而成，只是手法高古超妙，不露痕迹，辅以年久，刻处与自然石体部分早已漫漶不分。我对古石的鉴赏水平，也是循序渐进，逐步提高的，最初一味追求自然，不许有些许人工动手之处。后来见的东西多了，才知道古代文人得石必欲刻镂而后快，有画龙点睛之功。十几年后的今天，终于认识到，只要是好石，哪怕是用整块石头雕刻而成，亦当以奇石视之。现藏于山西

英石 紫檀雕流云纹座加落地儿
（此石具有北方古石包浆特色） 何家英藏

代县杨家祠堂的元代鹿蹄石，是这类石的巅峰之作。“此石采用整方花岗岩雕琢而成。形若浮云，前后凿刻有透洞多处，正面上刻为龙，下凿有虎，中有仙鹤、寿星、铜钱、日、月等，背面刻一大鹿中箭状，并有鹿蹄凹坑若干。落款为‘泰定元年立’（1324）。案《代州志》，元初杨业裔孙杨友、杨山兄弟镇守代州，出猎箭中梅花鹿蹄，鹿负箭奔遁至此，杨氏兄弟掘地得此石，遂定居于兹，并名此村为鹿蹄涧。此石现为山西省重点保护文物。”

笔者鉴古，恒有年矣，阅石多多，始知古代观赏石，大都经先人“修治磨砻，以全其美”。此论于今日鉴石，大有裨益，玩主见一奇石，大璞未凿，峰峦洞壑，全系天然，似有古意，倒须格外当心，免被新石鱼目混珠。

古石的另制——石磬

“云林清秘，高梧古石中，仅一几一榻，令人想见其风致，真令神骨俱冷。故韵士所居，入门便有一种高雅绝俗之趣。”居室厅堂的风雅绝俗，端赖于奇石的点缀，古人的这一番话，说尽了“室无石不雅”的道理。从古至今，国人于园林的构筑、居室的调停，无不以能体现自然之美为最高追求，大自然中自然的物质形态，最可恒久直观的是奇石，洼泓易尽，而一峰一石风回潇潆，奇致久存。车水马龙、市井尘嚣——虽为人所常住，亦为人情所常厌。丘园素养，借灵石以啸傲，则完全体现了古代文人的一种人生价值取向，案几之上的一只小小灵石，是人们学养、品格、志气的外延，呈现一种超凡脱俗、文气斐然的高雅生活的情景。案几清供，择石的首选当属灵璧石，这得益于它本身卓越的特性：嵌空玲珑，其形娱目；金声清越，其音悦耳。现实生活中，虽无处不见石的存在，然而，人对石的了解，可谓知之不多，今人即便是藏石家恐怕也大都不知道灵璧石最早的用途，并非作为石山清供，为人欣赏，而是用来制磬。商周时代的先人不慕其形，独取其音，发现了灵璧石，叩击之下可发八音，金声玉振，奉为王室供品，令宫廷匠师、乐工制成乐器——磬，悬系于木架之上，击之而鸣，有单一的特磬，和三个一组至大小十几个相次成组的编磬。《清稗类钞》记：“皖之灵璧山产石，色黑黝如墨，叩之，泠然有声，可作乐器，或雕琢双鱼状，悬以

紫檀架，置案头，足与端砚、唐碑同供清玩。海内士夫家每收藏之，然佳料不多见，大率不逾尺也。”质地坚朗、传音清越的灵璧磬石，为历代所珍赏，但十分珍稀难得，清代中叶，浮磬山一带磬石旧坑已不复出石。明初洪武年间，朝廷役工取灵璧浮磬山石做磬，赐与各府文庙，“立则磬折垂佩”，磬折喻弓腰如磬，表示恭敬之意，古人参拜或路经文庙，文官落轿，武将下马。文庙悬磬，象征对

圣人的尊崇谦恭。此为明太祖朱元璋定国初始，教化士民，复周礼、尊儒教的举措。上有行焉，下必效焉，士大夫阶层的文人雅士，纷纷斫石制磬，选名贵木材紫檀、黄花梨木制成雕刻纹式精美的磬架，中悬石磬，供置在厅堂的条案之上，大如毂轮的石磬，则要特制落地插屏式磬架挂悬。人们如此喜爱石磬，大约缘于双重的意义：一是清赏的雅物，颇有可观；二是取其警策之意，教人持正守节，磬折恭敬。这便与古代的戒满之器——欹器，极为相似。“古之人，耳之于乐，目之于礼，左右起居，盘盂几杖，有铭有戒，动息皆有所养。”欹器的出现，略晚于磬，大约肇始于西周初期，《物原》载：“周公作欹器。”在历代皇室和王公大臣的宫殿、府邸及宗庙里，常陈设这种奇特的器物，状如插屏，有两根支架支撑一个杯状容器，在杯状容器外壁的中心靠上部位，穿透眼，装上活动轴，与支架相连，可做自由转动，往杯中注水，容器中悬平直，注满水时，立刻倾覆，容器里的水一滴不剩，自动偏向一方而止，侧悬半空中，因其倾欹易覆，故名欹器。历代封建帝王，祈求国祚绵延，多以此器自警。“居高常虑缺，持满每忧盈。”古人已认识道：自满则损，谦虚则益。将此器置于案头，或座位之右，引以为戒，故欹器又有“右座器”之称。春秋时，孔子曾观周庙欹器，与守庙者的问答对话，今日录之，犹有教益。“孔子观于周庙，有欹器焉，孔子问守庙者曰：‘此为何器？’对曰：‘盖为右座之器。’孔子曰：‘吾闻右座之器，满则覆，虚则欹，中则正，有之乎？’对曰：‘然。’孔子使子路取水而试之，满则覆，中则正，虚则欹。孔子喟然叹曰：‘呜呼，恶有满而不覆者哉！’子路曰：‘敢问持满有道乎？’孔子曰：‘持满之道，挹（抑）而损之。’子路曰：‘损之有道乎？’孔子曰：‘高而能下，满而能虚，富而能俭，贵而能卑，智而能愚，勇而能怯，辩而能讷，博而能浅，明而能黯，是谓损而不极。能行此道，惟至德者及之。’”古代名士不惮烦琐，亲制欹器，如西晋杜预、南朝祖冲之以意

明清天然石磬 带红木仿古藤磬架

清代灵璧石磬 带原配青铜吉磬（庆）有余福在眼前铜挂件

成造，座右自律，可惜都没有流传下来。至今尚未发现出土实物。

古人亦曾制一酒器，其功用恰与欹器相反，“韩王元嘉有一铜樽，背上贮酒而一足倚，满则正立，不满则倾。”案《朝野佥载》，酒满饮竟，以正酒德。

古代的石磬屡见出土，多为成组成套的编磬，形状一头大一头小。明清时，磬架所悬磬石，两端均衡溜肩，中端高耸，打孔缀挂铜钩，悬在木架上，磬身多光素无纹饰。独以自然形状，生有孔洞，恰好可缀铜环、系绦绳的天成磬石，为磬中极品，世间至宝，《清稗类钞》又载：明朝时，当地土人掘地得两大块灵璧石，纹理奇异，色韵苍古，通体遍生孔洞幽窍，以槌击之，响泉叠韵，余音袅袅不息，石高近丈，壁厚数寸，初识宜为屏风。老子山上有和尚名悟本，深谙石趣，妙悟石理，他独具慧眼，识得此石乃天赐巨磬，连环生出九个玲珑婉转的小洞，可系磬绳，他当即将其买下，请吴中石匠高手，依据石之长短、壁厚、音韵，琢磨成两件大磬，悟本爱之如命。后来悟本圆寂，弟子视磬为衣钵传承，虔诚供奉。高邮进士吴氏于寺中见此奇磬，以为至宝，拂之良久不忍离去。吴氏出资修庙，赠金三百，悟本弟子感其厚意，无以为报，遂以此双磬相赠，吴氏运石至高邮，构筑小园安置。清初时，名人韵士争睹此石，纷纷题字刻铭。

斫石制磬，所选石材，不唯灵璧一石，古人识石之精者为玉，声质清越皆可为磬材。汉武帝有轻玉磬，《洞冥记》记此事：“汉武帝起招仙阁于甘泉宫西，其上悬浮金轻玉之磬。浮金者，自浮水上；轻玉者，其质贞明而轻也。”

古籍曾载有吉磬，受于上天，得于渊薮。“伊阙县令李师晦，有兄弟任江南官，与一僧往还。尝入山采药，暴风雨，避于桤树。须臾大震，有物瞥然坠地。倏而晴朗，僧就视，乃一石，形如乐器，可以悬击。其上平齐如削，中有窍，其下渐阔而圆，状若垂囊。长二尺，厚三分，左小缺，色理如碎锦，光泽可鉴，叩之有声。”案《酉阳杂俎》。

“隋文帝开皇十四年，于翟泉获玉磬十四。悬之于庭，有二素衣神人来击之，其声妙绝。”案《洽闻记》。

“唐显庆四年，渔人于江中网得一青石，长四尺，阔九寸，其色光润，异于众石。悬而击之，鸣声清越，行者闻之，莫不驻足。”案《豫章记》。

唐玄宗朝，杨贵妃善击磬，“太真妃多曲艺，最善击磬。拊搏之音，泠泠然多新声，虽太常梨园之能人，莫能加也。玄宗令采蓝田绿玉琢为磬……”案《开天传信记》。

石磬也有雕刻图案的品类，图案的内容不外祥云、螭龙、如意等，若经时贤品题刻字，更见风雅，诚足珍贵。北京琉璃厂甸槐荫山房藏一明代石磬，造型朴雅，铜活儿挂件也是精工老锈，知为明代原物原配，磬面上镌刻四字楷书石铭：“金声玉振”，惜无落款。

苏州藏家何适创藏一螭龙古磬，除口、眼、爪稍加人工琢磨外，余皆自然成形。

笔者藏古经年，雅藏石磬有五：一为天公造化，不曾施斧斤、披凿铲的自然形石磬，得于粤中。石质为英石，形如鹰鹞振翮，叩之可知音藏清古，本末倒置，皆成磬形，殊为绝妙的是，上下都有自然生成的孔洞，可缀铜钩、可系绦绳，石色青灰，白脉笼络。

一大一小，土沁斑驳，石骨苍枯、石色犹暝者，信为春秋编磬余韵之遗存。

八寸素磬，色如青黛，间发黄脉，两汉旧斫，形制高古。且喜为之觅得明末清初黄花梨磬架，虽叹残缺，辄令良工修旧如旧，全其悬磬之能，宜其为文房妙设。

其五，磬中之完物，磬呈朵云形，磬面上依样浅刻勾云纹，宋之良匠，苦心孤诣，手摹心追宋院本工笔线描，云纹婉转流畅。石磬传至清代乾隆年间，始有风雅时人，得此磬石，托小器作，用老红木料，精制一高逾两尺的磬架，透雕浅刻西番莲、祥云朵、蝌蚪纹、双夔龙，最令人称妙之处：乃见一展翼蝙蝠，口衔流云搴坠磬石。此磬20世纪80年代初，为津门一藏家以廉价购藏，笔者十年前，在其日式寓所初次得见，心下甚喜，看了藏主视磬为镇宅之宝的样子，几年内虽常见面，未敢言卖。始终把这架磬挂在心上，随着交往日益增多，和藏主的关系慢慢熟了起来，订下了一个口头君子协定：一旦要卖，就卖给我。虽说很是渺茫，总算有了一线希望。记得大约是1996年夏日，我给这位朋友帮了点忙，介绍客人买了他几件东西，按行内俗规，他该回扣我百分之十的佣金，我没有要，重提起买磬事："你把磬卖给我，该卖多少钱，还卖多少。"藏主碍此微情，加之他也收藏赏玩了这么多年，又考虑到我买去，不是转手倒卖，这倒是实情，盯了这么多年，只为倒手卖了，赚点钱，这事我不干。谈妥价钱的那一刻，磬石便成了我的藏品。为得到这件喜爱的古物，我整整等待了十年。京津两地古玩行中不少的人，知道天津有这么一件东西，藏主不卖，买不出来，每每提及，垂慕之情，溢于言表。今日终被我所得，“十年磨一剑”，夙愿得偿。十年求磬的过程，笔者初衷不改，追慕日久，累遭婉拒，欲罢不能……今日回首这段过程，又觉得最堪玩味，玩古之乐，于此称最。

笔者兴逸爱山，而所居沽上无山，观石以代，石之奇秀，可以悦目，却少享了清聆之娱，幸赖吉磬，击若松壑听涛，别有会心。

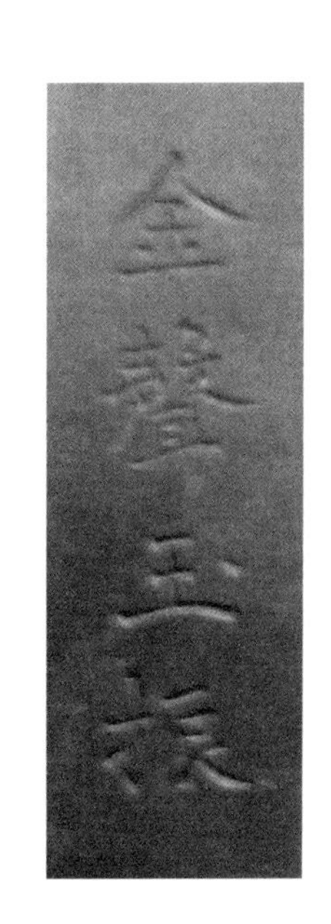

菊花石

渺远无涯的宇宙鸿蒙时代，阳光下的世界，远不似今日绚丽多彩，混沌未开，而地下的岩浆活动却很活跃，这些活动大多发生在地壳中莫霍洛维奇界面之上，液体岩浆固化的结果，产生出质地迥异、壮观美丽的石头。多少年后，它们清奇古怪的形态，赢得了世间普遍的欣赏，人们赞叹这大自然伟力的同时，也在探究着它生成由来的奥妙。菊花石惟妙惟肖的菊瓣花纹，固然是自然造化的结晶，起初人们误以为菊花石是植物菊花的化石，而地质学家穷年探究的成果启示我们，菊花石是岩浆活动后固化的奇迹，菊花石因其石面幻化出美丽的菊花花瓣而得名。它是由方解石（或天青石、红柱石，矿物雏精）呈花瓣状分布其中的一种粘板岩或石灰岩，石上菊花的花形完整，有萧疏的花瓣和纤细的花蕊，花色以白色为主，年久会变黄，这时，更会有一种高雅的古韵流漫而出。菊花四周的围岩，则以灰、黑、褐色的石体为主。地面上的植物在光合作用下，叶绿茁壮，浓荫蓊郁，此刻在沉如永夜的地壳中，菊花石的前身方解石的液体流质，度化结合，行流散徙，由散漫而聚结，边聚边凝，中心愈密，当其余液环流四溢，辄归固结，形成的图案，玉洁冰莹，极若菊花之瓣，汇为菊花之形，菊花石油然而生成于亿万年前。

菊花石以湖南浏阳河底所产质地最佳，此外湖北、广东、江西、陕西、河北

菊花石 红木雕树桩随形座 （带红木玻璃罩） 张传伦藏

等地也有蕴藏。唯以湖南浏阳菊花石，花纹清晰逼真，“雕工”自然高古，不见人工痕迹，石山的直理横皴、洞天云窍，全系雕琢而成，乃为中国古典园林艺术中的一朵奇葩，湖南菊花石雕的天趣所在，是所有石、玉雕刻中，最能体现自然之美的杰作。唯其自然，古今藏家皆将菊花石纳入案几赏石之列，堪与灵英太昆位列一堂，益见其幽雅别致，独具一格。

菊花石中最美最大的一尊石山，现收藏于北京人民大会堂湖南厅，石重八百余斤，为亘古所仅见的巨构，石体奇伟豪宕，苍褐色的石面上朵朵菊花，怒放开合，蕊寒瓣冷，秋意阑珊，此石开采雕成于20世纪50年代末，一代时玩，标灿百世。

菊花石还可琢成文房用具，别具一格，如砚台、笔洗、笔架、水盂儿、镇纸、插花用的花瓶等，尤以菊花石砚，享誉盛名。毛泽东“菊香书屋”书案上的一方菊花石砚，常年与灯影为伴，毛泽东的诸多乾坤浩卷，即是在这方菊花砚上濡墨而成，日思夜写，挥毫染翰，天下名砚，何止端歙洮澄红丝松花，为何独喜菊花石砚？显见是慕其高洁，又恰与书房斋名“菊香书屋”相契合，然最不可固辞的原委，恐怕还是领袖浓郁的乡梓情思居多吧。

菊花石山子是品类繁多的菊花石雕中的扛鼎之作。菊花原石本系一块圆璞的石头，初观无奇，菊花花纹不知沉积在哪一层的石褶中，全凭巧夺天工的能匠运操天公雷斧，掇出菊花石纹，剞劂多余的围岩，保留堪用的石体，宜为山骨，整个雕刻过程，既要周全整山的轮廓，又要善待山上的“花卉”，不可顾山而失花，或因花而伤山。大匠得石，首要是擘划石山，以尽出石菊之奇幻，如不可得，方退而求他，量材而用。石山多以太湖石意结构蓝本后，施以凿铲，嵌空穿眼，力求婉转险怪，纹理纵横笼络隐起间，不忘提调菊纹，一俟石山初成，花纹宛在，复以搓草、磨石，修治磨砻，去除雕凿的痕迹，始见菊山巧立，浩骨峭

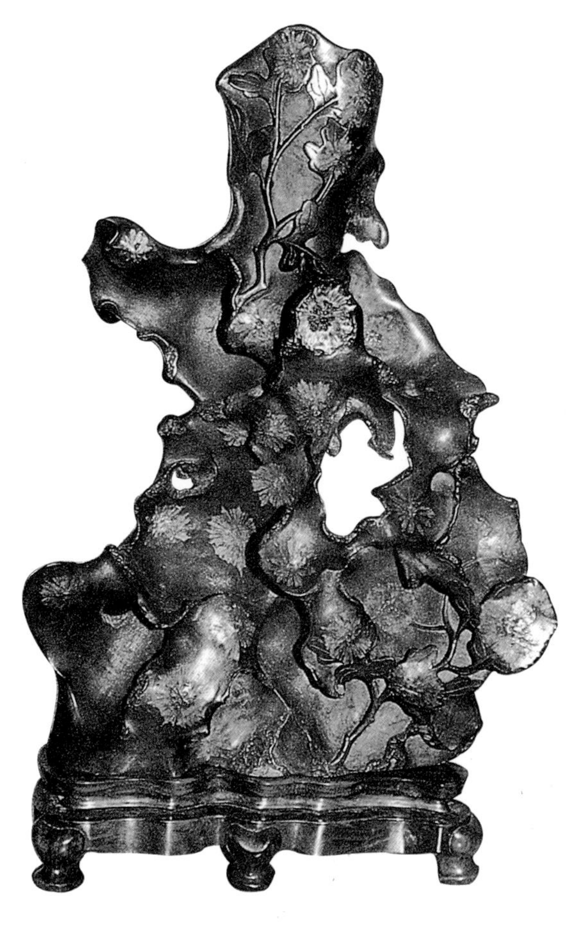

菊花石（正面）红木雕树瘿随形座 日本杉井家藏

刻铭

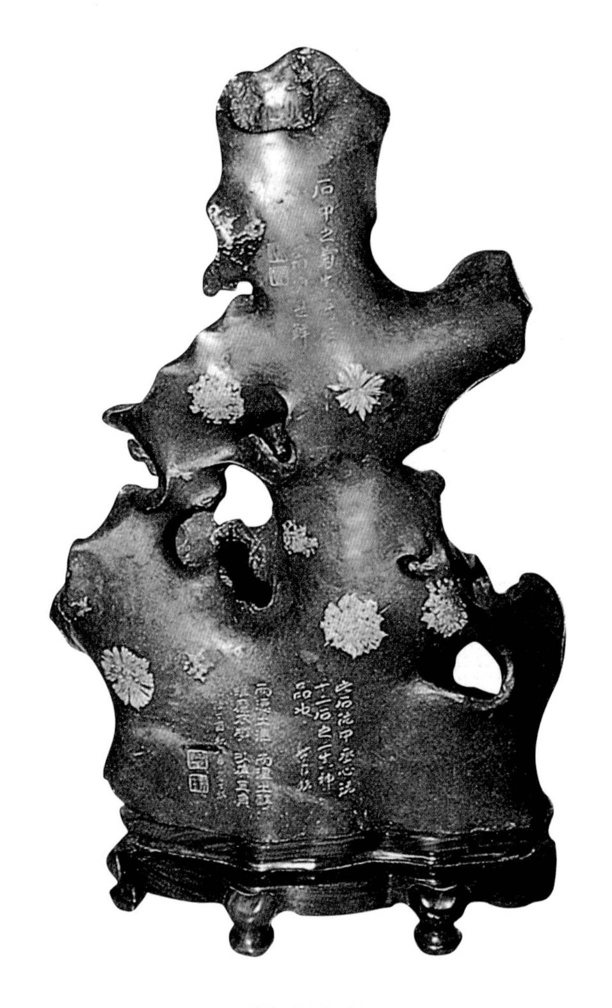
菊花石（背面）

刻铭

峙，六窗七窍，皆见天然，真山有所不能及者，赖因能工善集天下山石之优长于咫尺之间，菊花石山焉得不奇秀怡人！

东瀛日本人分外喜欢菊花石，据说是缘于日本皇族的青睐，日人将菊花石归为唐石的一种。藏石家杉井先生藏一菊花石山，红木台座，石高两尺有余，已是菊丛中鲜见的巨本了。“产于湖南浏阳，外形与孔穴均经人为加工，菊花纹理打磨凸出，并雕凿枝叶状。石表呈锈铁色，包浆锃亮。石背有原藏家清代学者阮元刻款‘石中之菊真奇怪，不怕风霜总是鲜。’阮元、伯元图章。学者、书法家包世臣刻款‘此石阮中丞心玩十二石之一，真神品也。世臣铭。’学者、书画家陈鸿寿刻款‘而德土温，而理土醇。虽磨不磷，以葆其贞。乾隆丁酉（1777）秋八月，曼生铭。鸿寿、曼生图章’。此石据说系日本禅僧携归东瀛，藏石外盒刻有‘阮元旧藏十二品之一。菊花石宝。一基’字样。”

菊花石 周纪文藏

笔者雅藏奇石，与菊花石结缘最早，二十年前，即得一菊花石山，阴阳向背，两面作观，菊花石的雕制，顺应诸多奇石的物性和人们的欣赏习惯，即以凹面为正，凸面为背，乃因奇石的皱透漏瘦大多云集罗列于石的凹面。这只菊花石山，背面圆润无奇，缀散着几片菊瓣，不成花形。正面微敛，洞天灵透，嶄取玲珑，山谷峰褶间，黄花幽现，置石于华亭之下，时有凉飔送爽，如从菊丛中来。藏石家周纪文先生见之难舍，其石斋“师石堂”，虽藏石甚夥，却无此品，纪文提出加润易购，填补这一项藏石品种的空白，有鉴于此，笔者只好忍痛割爱，全其美意。

收藏的聚散得失，甘苦自知，非亲历者，不能体味良深。菊花石归委他人后，虽常获他山之石，可以慰我，终不抵菊花的幽香，我重又寻觅它的芳踪，笃信上天会再给我一次“艳遇”，那销魂的一刻，是在1995年的一个飒飒秋风菊香飘溢的秋日，于古物市场冷摊上，又见菊花石山，它像东篱边的黄花，散落在街边一角，似乎是在静静等待着我的眷顾，我忙俯身捧起菊山，菊山连座，这座儿竟也是菊花石雕成，更令人惊奇的是，石座巧妙地制成一只菊花水洗，菊影斑驳，水洞勾连处，刚好托住菊花石山，石山色近黄褐，包浆苍古，幽光鉴影。石山悦目，可缓案牍之劳神；水洗濯毫，堪涤管笔之残烟。这等高妙的文房雅物，从此为摩石精舍所享。

古今藏家于收藏一事，欲望无穷，往往得陇望蜀，欣赏着菊花石山、水洗的模样，又奢想如能配得一方菊花石砚，与石山、水洗并置案头，滴水注砚，写山摹云，何等惬意。于是八方搜罗，同好的友人也为之打探，业曾觅得一菊花石砚，好结善邻，岂料将此石砚同石山、水洗环置一堂，再复瞻观，先前所见丰腴的砚身顿显臃肿，与石山、水洗的秀骨岑瘦，实在是大不相类。

几年来，区区雅望，至今未竟，此情何堪？！寸心原不大，容得许多香。

孔雀石

旧时的高贤名士、书画大家，以及王公贵族、官宦豪绅，无一不十分讲究书斋文房的布置，誉望清美。书斋文房是一扇窗口，可以窥见主人的身份、地位、素养、志趣，贫富贵贱，高雅低俗，了然若揭。

清初湖上笠翁李渔，一生播迁流离，不一其处，债而食，赁而居，其颇饶别致的名著《闲情偶寄》，妙撰齐家居停之奇文，虽关乎男女饮食，日用平常，却发前人所未发，甚得天下寒士贫夫之心。其所创“碎瓮补窗”之技，侈言可赏哥窑冰纹之美，真乃应了一句俗话“穷人美”。笠翁又设计一暖椅，其式奇则奇矣，亦不免微露寒蹇之象。假使令袁简斋执笔写就一部《闲情偶寄》，想必为天下豪士所激赏。袁枚，号简斋。中年辞官，易隋赫德之隋园为随园，隋赫德即是那位擢替曹雪芹祖父曹寅任江宁织造的清朝新贵。随园依山而建，华堂桂栋，散布其中，袁枚居幽而不隐。多与高官显宦过从往来，诗词酬唱，熏染文翰，有清廷大员尹继善、芦雅雨之流，与之推扬，于朝野士林间每为延誉，声华藉甚。袁枚终老一生，尽享优游雅逸的封建士大夫生活，富比王侯，金玉之身难免有缙绅簪绂之俗，倒不是因有富商宴请，席上玉盘珍馐、佳肴百道，袁公竟无从下箸。而是世人想见他与山人清客的李笠翁一分高下，便有文士讽喻袁枚不似李渔的清绮雅逸：“若以《随园食单》来与《饮馔部》的一部分对看，笠翁犹似野老的掘

孔雀石 红木束腰双层座 张传伦藏

笋挑菜，而袁君乃仿佛围裙油腻的厨师矣。”

笔者写下这一段似乎是题外之话的文字，寓意无非是要点明，人生际遇之不同，衣食住行乃至种种的兴趣爱好，随之不同。然而贫富虽有殊，奇致终不掩，富享奢侈，穷得清纵。旧日的朱门豪士与寒介书生皆喜有一文气斐然的书房，随心摆放一些诸如湖笔、奚墨、宣纸、紫砚、铜镇、瓷洗、笔架山一类的文房用具。书画笺札，白纸一张，稍加点染，奇韵焕出，功在墨、色。上佳的丹青颜料，皆为天然材料，藤黄花青，色极绚丽，古画历经千百年，依然鲜艳夺目，青山浮翠，绿草葱郁，得益于古人发明使用了宝石色——石绿。石绿的原料，是一种珍贵的宝石，古人赏其浓艳给它起了一个美丽而谐意的名字——孔雀石。《辞海》中孔雀石的辞目中这样记载：“矿物名，化学成分为$Cu_2[CO_3](OH)_2$，属单斜晶系，晶体呈针状，通常为放射状或钟乳状集合体。绿色，玻璃光泽至金刚光泽，硬度为3.5—4，比重3.9—4.0。产于含铜硫化物矿床的氧化带，是原生含铜矿物氧化后所形成的表生矿物，可作为找寻原生铜矿床的标志。是炼铜的次要原料，块大色美的孔雀石，可用于琢磨各种装饰品，粉末用制颜料。”辞书的辞目，意在说文解字，不可能对孔雀石做详尽之研究。孔雀石，色极翠绿，美如绿孔雀的羽毛。孔雀石做书画的高级颜料，一般是研成粉末，用水调和而用。形状美观的孔雀石，古人发现了它的奇特似灵石，而石色更佳，配以木质托座，奉为书案间的石山清供。笔耕间暇，幽赏孔雀石的怡人快绿，格外醒神。孔雀石不经粉碎，亦可在砚池中研磨出色，多以不成山石状的孔雀石，充作此用。孔雀石山，赏心之雅物，文人学士，爱惜尚觉不够，哪里会舍得用它研色。殊不知，竟有些豪门贵胄处处透着霸气，惯用孔雀石山研色，以为大手笔，竞奢耀豪，实则暴殄天物。孔雀石大多结瘤（钟乳状集合体），不具石山的皴皱，幸运生成石山，可供于书案之间，又遭粉身化色，悲夫也哉！曩昔之日，笔者亲见一孔雀石山，被磨去三分之二，孤峰崩石，不复奇绝，亦当一叹！

20世纪的最后一年——1999年的夏日，笔者在天津劝业场附近的杨柳青画店买画，四壁书画，琳琅满目，浏览一番，但觉名头不太对路，无意间一瞥，在玻璃橱窗中发现了一只孔雀石山，请画店工作人员取出，此石两寸方圆，可于掌上作玩，尚存红木束腰双层台座，石骨嶙峋，岩壑分明，若不观其色，必以为英石无疑，此于孔雀石中，极难得之。笔者当即买下，复以发泡塑料包裹妥帖，放入囊中，小心翼翼的样子，仿佛孔雀爱惜它的羽毛。回到书房，近灯观赏，孔雀石毫发未损，它的翠绿直令世上所有的绿色相形见绌，再没有比它绿得这般纯粹、这般彻底。笔者不欲以丹青为能事，自当不会研石销山，睽违石德。宜当恭执石山与端溪古砚、哥瓷水洗、双螭笔架、花梨笔筒，置放于紫檀文玩盛盘中，盈然满盘的紫泥、白釉、红斑、鬼面、翠羽鹦碧，交相映衬，古色迷离，笔者不禁捉玩在手，着意摩挲，似有包浆雅晕，渐盘渐出，痴心醉古，一至于斯！纵仲景、思邈再生，亦无药石可救。

笔架山

笔架山是从笔架衍生出的文房用具，笔架山比较普通的笔架，更适宜古代文人潇闲疏放的气质。笔架又名笔格，是在以毛笔为唯一书写工具的时代，读书人书房中必不可少的用具，既为文房之物，自然十分精雅美观。笔架的样式，多种多样，品式奇巧，材质珍稀，从古至今，能够流传下来的，都已为文玩佳物，是价值不菲的古董了。而在古代，人无分贵贱，只要是读书人，檀案或柴桌上，都会有笔架充作架笔之用，在书写画画的暂歇过程，借以搁笔，以免弄污他物。笔架由金、银、玉、铜、瓷、木、石等多种材质制作。本文所要介绍的笔架山是石质的笔架，非人工雕琢，乃原出于自然的奇石，也可说是奇石清供中最小的石山，它有胜于石山清供的是：不仅是赏玩的妙物，更兼实用的功能。笔架山，其物虽小，却系山石的精华。“与太阳共舞，石是炽热的熔岩；与明月相伴，石是清冷的云根。”现代地质学告诉我们，每一块石，都曾经是流动的液体熔岩，亿万斯年，炽热的熔岩，充盈天地之间，行流散徙，戛然固存，石方多穴、多窍、多耸拔、多偃蹇，多云窝月窦，多剑穿虫啮，似龙螭、云霞，类飞鸿、骇兽，将翔将跃，若踔若踞，虽奇鸧九首、夔疏一足，不足征其灵异古怪！天公化物，倘仍不足以玉成一只笔架山，星移斗转，又不知过了多少年，日阳月阴，风雨剥离，石中的朽骨糠质，被一点点荡净涤空，终得一只金骨玉筋般的笔架山。还有一类笔架山，是古人从一大块奇石上截得，只撷取了这只奇石的峰顶部分，以为笔架之用，而大部的石体，没有了峰顶，失去了欣赏价值，沦为普通的石材。笔架山与奇石清供一样，也有稍适雕琢，或完全以整石出之的品类。《开元天宝遗事》载，苏颋以锦纹花石，镂为笔架，遇雨时则津出如汗。宋代钱思公有一珊瑚笔架。米芾曾有一只“尽天划神镂之巧”的笔架山。米芾在涟郡做官时，得地理之便，与宿州的灵璧县毗邻，米芾收藏各类奇形怪状的灵璧石，竟把公务抛在了一边，整日足不出户，在书斋中玩石，当时的按察使杨公杰，特别前往查纠，见面即正色言道：“朝廷以千里付公，那得终日弄石都不省事，案牍一上悔亦何及？”谁知米芾却从左边袖子里翻出一只石头，“嵌空、玲珑、峰峦、洞穴”皆具，石色苍润，米芾拿在手里摩挲把玩，并对杨说：“如此石安得不爱？”杨公并未睬他，米芾又拿出另一只奇石，杨仍然不为之所动，最后从袖中取出一只

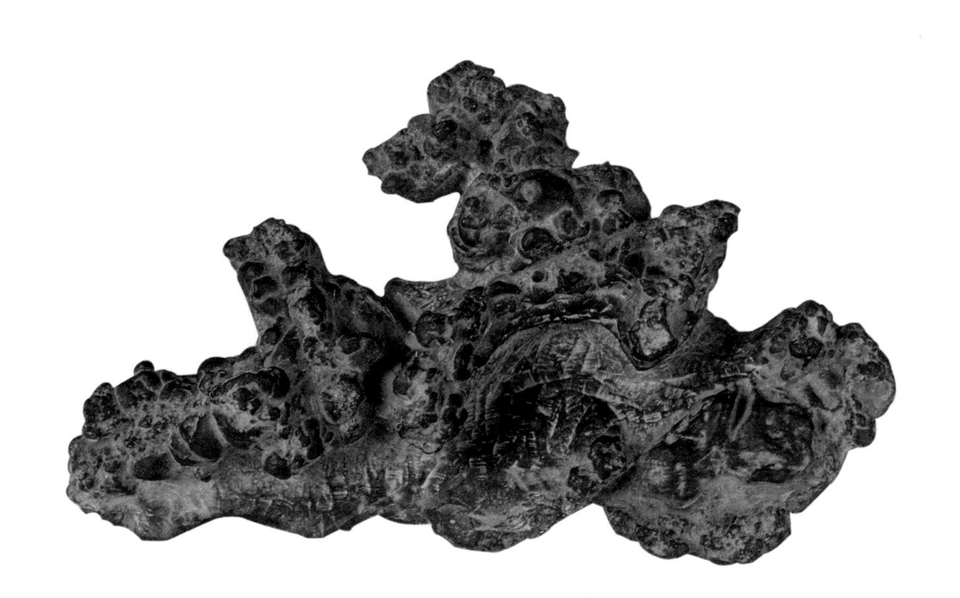

灵璧石 笔架山 张传伦藏

英石

“尽天划神镂之巧”的笔架山，杨公杰见之大为惊叹，对米说：“非公独爱，我也爱也！”从米芾手中抢走该石，径直登车离去。

笔架山以灵璧、英石居多，方正圆润之石，不适宜做笔架山，如海底玉、黄河石等。笔架山一般不会太大，“玲珑半峦、苍翠盈把、屏几可设、怀袖堪携”。最大的尺寸也不会超逾尺距，且皆为横山状。

元代画家刘贯道《梦蝶图》中书案上的笔架山，峰峦罗列，横墨数寸，体百里之迥，两山之谷，正宜架笔。

唐伯虎临《韩熙载夜宴图》书案上画一峰峦横列的赏石，不为笔山即为砚山。

吴小仙《武陵春图》中绘笔架山于石几之上。

近代徐燕孙画《梅溪觅句图》檀案上的笔架山正搁置着两管画笔，高士作沉思状，似在结构画理。

笔架山为文房之妙设，怡情之佳物，高雅考究，自非凡物可比，多配有紫檀、黄花梨、香楠等托座。笔者20世纪90年代收藏两款笔架山，一大一小，大可担斗笔大抓，小可搁细毫小楷。大笔架山为灵璧石，云窝月窦遍布石体，山峰起伏多姿，两峰之间，正好架笔，楠木髹漆托座，包浆苍古，间发蛇腹断纹，知为明代旧物。小笔架山为英石，黄花梨打洼托座。此石，文峰搴欹，嶙峋险峻，有如锋颖，极得英石特具之美，考其年代，大抵不会晚于明末，这两只笔架山，多年来为摩石精舍不可替代的陈设，晴窗得暇，往往不忘把玩欣赏一番。

笔架利用于古代，更具普遍性，豪门巨贾，偏好金玉之材，尽显豪奢。文人高士耽爱竹、木、石等富含自然天趣的材质，喜其淡泊空灵，以彰林泉高致。小小的笔架山，的确给文房带来了几许山林野逸之气，衬映出主人的高洁情志。

灵璧石 笔架山 楠木髹漆随形座 张传伦藏

清 横峰灵璧石山子 顾鹤逸旧藏

人们可从小说《柳如是与绛云峰》中看出明代士子才媛，是怎样地钟情笔架山的奇美。文中的柳如是珍藏一只灵璧奇石绛云峰，雅兴湍发，延请李存我篆写榜书“绛云峰”三字横匾。“存我，江南松江人，崇祯十六年进士，书法功力之深厚，时人有谓可与董香光相颉颃，骎骎与晋唐人争驱，蝇头端楷，擘窠大字，莫不佳妙。如是法眼藏者，甚宝之，与先前董其昌书钱牧斋半野堂匾，相映对照，李书故多一分飒健，有傲然独步之概。”王应奎《柳南续笔》“李存我书”条云：“云间李待问，字存我。工书法，自许出董宗伯（其昌）上。凡里中寺院有宗伯题额者，李辄另书，以列其旁，欲以示己之胜董也。宗伯闻而往观之，曰：‘书果佳，但有杀气，恐不得其死耳。’后李果以起义阵亡，宗伯洵具眼矣。又宗伯以存我之书若留于后世，必致掩己之名。乃阴使人以重价收买，得即焚之，故李书至今日殊不多见矣。”又据曹家驹《说梦二》“黑白传”条载：

"董玄宰所题衙宇寺院匾额，亦曾被人焚毁殆尽。"今董字传世者远比李字为多，李字尤特珍贵。如是莲步轻摇，引领存我到南窗下一张斑纹陆离的香妃竹大画案前，案面髹漆彩绘，漆工精光内蕴，画技精妙传神，是一大幅兰亭雅集图，如是亲侍笔墨，铺纸压镇，存我提斗笔、濡松烟，挥写"绛云峰"三字，取颜真卿雄浑端挺之气韵，赵孟頫遒健媚雅之笔意。正文完毕，搁笔于灵璧石笔架山，这只笔架，可称文房妙物，石中绝品，数簇灵峰，嵌空玲珑，飞云欲渡之势，真恐闭窗不及，飞入天半。下承黄花梨打洼底座，分外谐美娱目。如是雅舍平居，顿遣岑寂，足慰卧游山川、坐穷泉壑之情。这等上佳笔架山，存我焉得不喜，竟忍不住捉云盘握，一番抚玩后，换持一只长锋羊毫落款，边诵边写，几行飘逸的

清 横峰供石摆件

行书，行家可知自“二王”最深处来，给横额增色不少：“同郡柳儒士，雅藏灵石，咫尺之间，岩壑森然，恍入深山。且复质如曲铁，声若金磬。石之奇玮，殊难得之，然尤不及千载延传际遇之奇，洵非凡物也。崇祯十四年，云间存我书于吴江。”

这只笔架山柳如是索题石铭：“涩浪低生，纤云横束。”

英石 笔架山 黄花梨木打洼随形座 张传伦藏

英德峰石

收藏家都是梦想家，此说也不尽然，乃因人皆有梦，人类的许多重大发明和进步，都与梦想有关，比如：古人梦想像鸟一样，飞翔在蓝天，于是发明了飞机。世间之事没有做不到，只有想不到，日有所思，夜有所梦，梦想成真。而收藏家的梦想泰半与收藏有关，笔者的一二藏石确从梦乡所得，藏海钩沉，感喟良深。

1985年，美国汉风堂画廊（China House Gallery）和中华学院（China Institute in America）在纽约举办了有史以来中国古典雅石远离故国的第一次境外展览，这门在它的发源地已于近代渐趋式微的古老艺术便迅疾以其卓荦不凡、无可替代的艺术形象和蕴藉深蔚的内涵震动了西方艺术界，由此西方人开始了对中国古典雅石的研究。美国学者韩庄（John Hay）所撰写的论文 *Kernels of Energy, Bones of Earth* 诚为欧美学界感佩中国渊深的石文化，探索阐述中国石艺的开山之作。十年后，美国雕塑家理查德·罗森勃姆（Richard Rosenblum）依托其丰富的古典雅石收藏，对古典雅石的文化艺术、历史断代、石种分类、雕刻鉴赏、功能利用、地质石况等进行了认真的研究，出版了一本图文并茂的英文石谱《世界中的世界：理查德·罗森勃姆藏中国文人石》（*Worlds Within Worlds: The Richard Rosenblum Collection of Chinese Scholars' Rocks*）。考据翔实，思维缜密，至今

英石 黄花梨木紫檀贴面方形座 张传伦藏

仍是一本研究中国古典雅石颇具力度的专著。罗森勃姆先生于雅石一道，入门较早，凭借艺术家的深厚修养，尤不能忽视的是他抓住了收藏中国古石千载难逢的机遇，二十年前的中国藏石家寥若晨星，国内的文物公司、博物馆对奇石基本上是不入藏、不收购，理查德大展身手，以今日听来令人咋舌的低廉价格买走了许多奇石，其中不乏明代藏石家《素园石谱》的作者林有麟“青莲舫”藏石，堪称宝中之宝的是一只名为“尊贵的老人”的英德峰石，美籍藏石家胡可敏女士赞誉为“千年难觅”。此石“显示了出众的皴褶、清癯，并有纯正的黑褐色”，高达七英尺，宽、厚却仅为九英寸、八英寸，其孤峙清耸、傲屹当空的绝世风姿，无愧为英石之冠。笔者虽然至今抱憾未亲睹实物，仅以照片审之，几欲五体投地，惊叹天公化

灵璧石砚山 “山月恋”

物，竟有如此奇异的石山，我暗自遐想，早晚会得到一只这样瘦峭的峰石，但不奢求这般巨大，可作案几清供的尺距之石，足称我心。从此在笔者的奇石世界中，总是晃动着它的幽影，几回梦中分明见到它，梦醒后，感悟出以世间凡人的胸襟气度，绝对无福享受“尊贵的老人”这样至尊奇伟的峰石，因它绝非私家所能供养，古昔尊为宫苑御赏之纲石，现今宜为博物馆馆藏之奇珍。世间宝物，虽具颐养天和之功，予人无量福祉，然所持者，虽非道行寡济，气度蹇促者，也往往罩应不住，福兮祸依，理查德是否也明白了这个道理，不得而知，朝闻道，夕死可矣。后来，他还是把这只奇异的峰石，捐给了美国的博物馆。我的梦境中出现的峰石外形极似“尊贵的老人”，清癯瘦劲，但远不如其巍然高大，只是一只高不敢僭越尺半的案几竖峰，却不失壁立当空、空所依傍之势，供置案头，朝夕观赏，足慰石情。与其说是我的石缘极佳，不如说是我的诚心感动了冥冥中的石

英石

神。1996年，与罗森勃姆先生出版《世界中的世界》同一年，我终于得到了这只日思夜想的峰石。

有朋自齐鲁故地携来两只古石，请我过府一观，一只为崂山绿石，一只便是笔者的那只梦中瑶山。崂山绿石平嶂方岩，软木台座，横山情状，清代物，无甚大奇，笔者却对此石表现出了极大的兴趣，一番褒贬后，竟与石主谈起了价钱，其实不是真想买，搞了一把古董买卖中的小伎俩，指西买东，还挺管用，果然在询问那只英石的卖价时，石主的要价竟比崂山绿石低了一半，不仅大喜

英石

过望，又强压住不露声色，免被发现，恰巧身上带的钱不够，正好装出漫不经心，可要可不要的样子，又天南海北地谈了起来，轻轻松松地谈妥了价钱，在回家取钱的路上，生怕卖主反悔，好在友人也是君子，我如愿携得石山，一路上只盼快些到家，好尽快、尽情欣赏它的清奇古貌，以它豪宕的个性，显然不屑与寻常峰石共置一案，特选一平头长案独为烘托此峰，此峰一立，胜过千岩万壑拥我精舍，瘦劲凌厉，雄峭高耸之势，唯有“尊贵的老人”堪与其比。蔽门竟日，朝暮幽赏之行状，堪与清人张尚瑗《石里诗》中所云相近：“假令位置几案间，摩挲万遍肤脂胝。乃今身在丘壑中，沿缘百转坐卧宜。”然咫尺之石，不可与巨石丈量高下，“尊贵的老人”凌云高标，气吞八荒，孤傲无依，又难免有岑寂寡和之虞，不若我精舍竖峰，峰底石根有小峰相偎，石魂依依，奇气弥合。燕处之室，有此清玩雅物，充仞其间，风亭水榭，何堪留连？！

英石 红木雕树瘿随形座 美国理查德·罗森勃姆藏

一只曾为明代王鏊旧藏的灵璧石

古代奇石按其供置特征和赏玩功能，被古今玩家分为“园林石”和“案几石”两大类。“园林石”今日分布在大江南北的国家园林、古迹胜地中，以宋代遗石为精英翘楚，其中多为宋徽宗“花石纲”在纲遗石。“案几石”的收藏、雅玩兴盛于明代，复兴于当代，笔者鉴藏古代案几石，已历三十余个春秋，有幸所见体积最大、最奇，且有原配木座的案几奇石，当首推海上藏石家周纪文先生所藏明代灵璧横山。有关这只奇石的始末，还要从20世纪80年代说起。周纪文先生于20世纪80年代中期远赴美国求学，多年的求学生涯，异域文明，非但没有减弱周纪文先生的中国情节，反而造就了一位年轻的中国古代艺术品收藏家。20世纪80年代末，周先生开始收藏案几古石。周先生的奇石收藏，得益于美国雕塑家、也是中国古代案几石收藏的第一大家——理查德·罗森勃姆先生藏品的启示。理查德·罗森勃姆的名字，在二十年前的中国，绝不像现在这样大名鼎鼎，石界公推其为收藏中国古石泰斗，而在当时的中国，几乎无人知晓，国内也没有几个懂古石的藏石家。周纪文先生因在美国的缘故，深知此公的藏石首屈一指、非同反响。周先生曾受邀多次观赏罗森勃姆收藏的古代奇石，对这位老外收藏的中国奇石十分钦赏。

二十年前，这位名噪美利坚的著名雕塑家，已是中国古奇石的狂热崇拜者。

二十年内，不惜二十次远渡重洋，到中国来搜石猎峰。此时，国内的藏石家寥若晨星，国内的一些文物公司、博物馆，对奇石不收购，不入藏，奇石无价可言，民间见爱者极少，以为无用之物，随意处置。乃至今日常遇这样的情形：有石无座，有座无石，石座两相原配的完物已极难得到。率先抢滩的罗森勃姆先生以雕塑艺术家独具的审美眼光，发现了中国传统古石是最高妙的天然雕塑，积藏于石之上的中国传统文化意趣，予之无尽的灵感，他将中国传统古石称为学者石、文人石。当时他以低廉的价格买走了多只奇石，出版了一本《文人古石》的小册子，书中扉页上那只身硕颀奇，名为“孤傲的高士”的英德峰石，“显示了出众的皱褶、清癯，并有纯正的黑褐色”。石高达7英尺，宽、厚却仅为9英寸、

灵璧石 黄花梨木雕树瘿座 周纪文藏

太湖石

8英寸。其孤峙清耸的绝世风姿，无石与之媲美，叹为英石观止。大约十年前，这已晚于罗森勃姆先生玩石整十个年头，中国香港、澳门、台湾及韩国、东南亚人士，亦有受中国传统文化熏染者，深谙“室无石不雅”的奥妙。豪宅华堂摆满钟、鼎、彝、尊、官瓷、玉器，倘无一石点缀其中，纵然金玉满堂，亦难脱一个俗字。奇石不仅是免俗的雅物，其趋吉避邪的镇宅功能，更令海外士人格外推崇，收藏奇石遂蔚然成风，为得到一只奇石，尤其是古雅可人的奇石（即古人收藏过的奇石，其中有古人题铭刻字者更佳），不惜巨资，通过各种途径，以求购藏。不知有多少中国传统古石，在金钱的推动下，漂洋过海，从此不复存于中国内地。古石价格飙升暴涨之甚，以致国人没有足够的经济能力和相应的

灵璧石 “傲视群雄”

灵璧石 “翩翩起舞”

灵璧石 “中秋月”

保护措施来完全杜绝古石不再外流。罗森勃姆先生坐拥山城，20世纪90年代又以学者、艺术家的素养，藏石家的卓越眼光，编著了一本英文石谱《世界中的世界：理查德·罗森勃姆藏中国文人石》，可称考据翔实，图文并茂。周纪文尽观罗森勃姆的藏石，眼界为之洞开，至90年代周纪文已拥有了多只古石。

1991年，奇缘骤至，周先生回国赴沪，一位当地古董商人向周纪文提及有一只灵璧石山，如何高古奇形，还带老座，只是索价很高，少三万元不卖，三万元买一只石头，这在当时的中国几乎是无人接受的一个天价，可周先生却表示很有兴趣去看看，这只奇石就是本文开头介绍的那只明代奇石。周先生来到藏石者

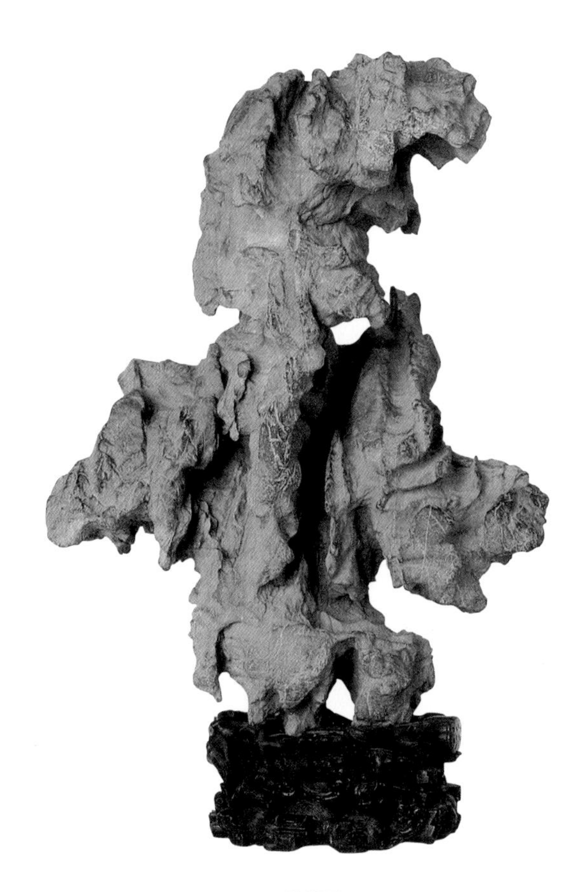

灵璧石

家，第一眼望去，即为这只灵璧横山雄浑苍拙的奇节古貌而倾倒。拜观良久，竟讷无一言，唯闻叩击灵石的清音传磬……此石横约一米，高近二尺，下承黄花梨木雕树瘿随形台座，周先生未敢还二价，恐卖者反悔不卖，出三万元买下了这只古奇石。石主很高兴，告诉周先生此石原为明代宰相王鏊藏石，石上原有王鏊手刊石铭："灵山浮磬，状若貔貅，声若金钟，发吾豪兴。"无奈"文革"期间，为避祸把这几行王侯将相的刻字当作昭彰劣迹，刮除磨尽，破除"四旧"，万幸石主体未毁。

周先生携石归府，大喜过望，奉为东西南北、春夏秋冬须臾不可分离的宝物。不几日返回美国，石也随同新的主人到了大洋彼岸。20世纪90年代初，笔者得观这只灵璧石山的清晰照片，唯叹不能一览庐山真面，纪文兄告我："幽暗中观此石，恍如灵璧石精，令质弱胆怯者，憷然惜声！旅美画家、书画收藏家王己千先生乃王鏊嫡传子孙，闻我获其先祖遗石，特来我纽约寓所，谒拜先祖遗石，先生于石之前后、左右，顾盼良久，倏忽几代，家山不老，不胜欣慰。"王老有福，先于我拜观此石，我只能私心倾慕。谁曾想到，新世纪的第一年，纪文兄携吾家山又归故里，又将此石庋藏国内。今日已不必遥岑远拜，直可近观斯石，雄豪冲逸之势，令人霍然目开。

我与纪文兄，同赏佳石，感慨良深，纪文兄手指石上端一小块经人为打磨的痕迹，欲言又止，我料定此为"文革"中毁王鏊刻铭者所留，缺沏突兀之处，正明代先贤亲刊手泽之所在。

一只与我失之交臂的灵璧美石

“得不到的永远是最好的”这句话对古玩行而言，更加耐人寻味。每当朋友、同好一起闲聊时，常有人问我这样的话题：“你收藏的石头哪块最好？”最初有人问时，我往往三缄其口，或胡乱说出一块，搪塞过去，这中间的隐情，是我的一块“心病”，令我多年来每每思之，痛惜不已。多年前，一只至今令我回想起来最美、最奇、最雅的古石与我失之交臂。今日有暇讲出来，可为天下藏石者戒。

那还是20世纪80年代末的一天，我的一位女同事找到我，说他有一位亲戚家里藏了几件古玩，过去是老家庭，东西都是祖上传下来的，现手头拮据，急需用钱，想择一善主，把东西卖了。在原单位，我的好古之名，同事之间多有耳闻，所以这位同事找到我，我当即欣然同意去看看。转天，我和同事骑着自行车，来到了她的这位亲戚家，亲戚拿出了几件东西，一小尊属藏传佛教的鎏金佛，小有残缺，佛未伤，失佚佛身下的瑞兽。一扇失群的宋元钧瓷挂屏，蓝中挂彩、片片带红，木活儿也很地道，知是京工所做。最妙的是一方清代金星梅子歙砚，长方形，满砚堂的萝卜纹，雕古玉夔龙纹，刻工精雅，两面有工，紫檀天地盖盒，是一方典型的清宫御制砚，歙砚中的上上品。这几件东西，我都很喜欢，一番讨价还价后，悉数被我购藏。我正要起身告辞，这位卖主说：“我有一个朋友有块石头，手头特沉，是陨石，含金属，一敲当当响，带一个紫檀托座，这东西你对路不对路？”我一听就说：“可以，哪天有空你拿来看看。”我说这话时，全部心思在紫檀座上，而非石头。因为当时还不懂得石头是古玩中的一项，觉得根本没有收藏的意义，我的所有收藏中，也没有一方石头入围。过了几天，他打来电话说：“石头拿来了，请你过来看看。”约好时间，我便去他家看货，一路遐想这个紫檀托座，是怎样的做工，路分高不高。到了卖主家，看了这只石头，却不见紫檀座，卖主说：“我的朋友前些日子把紫檀座卖给了一个喝大筐的”（走街串巷收购旧货的小贩）。我一下子凉了半截，我就是为了这个紫檀座来的，座没了，我买块石头干吗？多年以后，我常琢磨这件事，悟出了这样一个道理，这只石头没有得到，是心里没有。没有这个概念，自然无所作为。客观上的因素，是这块石头先失没了紫檀座，古物失群，我也随之失去了买椟还珠的机会，这位卖

宝晋斋研山 石种不详 曾为南唐李后主、北宋米芾收藏

主还在向我介绍这块石头如何如何，我只是漫不经心地看了两眼。

两年后，我开始研究收藏古石，回想起两年前这漫不经心的几眼，却在我的脑海中定了格。细细回味起来，当时也觉得这块石头确实不是一般的石头，此石大可盈尺，灰色的石体泛着金属般的光泽，现在已知这是一只灰灵璧，绝非卖主所言的陨石。灵璧石，因产于安徽灵璧县而得名。因其叩之有声，古代曾被用于制作石磬，又称八音磬石。灵璧石为隐晶质石灰岩，由颗粒大小均匀的致密微粒（粒径0.01—0.18mm）方解石组成，硬度5—7度，石质细腻温润，滑如凝脂，以墨黑为贵，间有白脉。形成于震旦纪四顶山晚期，距今约9亿年。灵璧石向来被视作传统供石的首选之品，宋代杜绾《云林石谱》就把它列为第一种，明代文震亨在《长物志》中也提到“石以灵璧为上，英石次之”。磬石更因其叩之有金玉之声，极视听之娱，石形嵚奇古怪，石色黝黑如漆，久经摩挲把玩，包浆华滋朴厚，胜过他石。这只灰灵璧石石质细密，磬音清越。包浆沉实亮雅，它的奇罕之处在于，它不是一块孤立的石头，而是一座群峰林立的大山，咫尺之中嵯峨挺立着十几座尖笋般的春山，我现在回忆着它的美轮美奂，越发觉得神奇绝妙，嗣后我的藏石多可盈屋累室，憾无一方可与之媲美。日后，当我读懂了古石后，我曾经多次去找这位朋友，希冀有失而复得的运气，他能帮我再买回这只奇石，他也跑了几趟，最终的结果，令我品尝了入行以来鲜有的懊丧，石头已经转卖给了他人，要命的是，谁也不知道这位买石者在哪里，失去了追寻这方古石的线索。说来也不觉奇怪，在我的潜意识里常存有，不知哪一天，还会有幸见到这方奇石，石缘萃合，以酬我十余年晨思暝念之劳。今人何曾有苏东坡的胸襟和才识，北宋绍圣元年，苏东坡于中山后圃，得“雪浪石”，造物精气，如巨擘雪浪……东坡先生甚至以为“雪浪石”的奇美，是不能用语言形容的，遂题石铭“岂多言”。可我仍然要说，依我并不穷狭的眼光所能见到的公私藏石，亦无一方可与我日

灵璧石 私人藏

夜悬念的这只奇石比权量力。在我的梦境中似乎只有米芾所藏南唐李后主的“海岳庵砚山”“宝晋斋砚山”，有此风范。海岳庵砚山“径长逾尺咫。前耸三十六峰，皆大如手指，左右引两阜坡陀……”

灵璧石 梅根·希尔藏

八面之德与四面成景

去过苏州的人，几乎都知道在苏州闹市区有一处清幽古雅、别有洞天的古典园林——怡园。怡园为晚清所建最大园林，园主顾文彬，官宁绍道台，为人风雅潇散，江南名士多从其游，曾在园中建“过云楼”，庋藏顾家历代收集的名人字画、碑帖古籍。楼前花厅内的布置，极见主人情趣，数只灵璧石，供置得体，只只奇姿异态，峰峦毓秀，巘岚清幽。非徒独峰耸翠，孤标高节；更缘群岫周流，迤逦多姿。今归苏州园林管理处，怡园主人书房的紫檀案上清供十二枚雨花纹石神品，皆为雨花玛瑙，玉髓晶透，分别幻化十二生肖影像，呼之欲出，此搜岩剔薮亦难得之的海内奇珍，恒为顾氏经年潜心罗致、煞费心血所获。园中有一圆柱多角飞檐小亭，翼然高踞，凭凌全园，足资远眺，名为“一峰亭”，此亭大有来历，亭涉顾园一件奇玩佳物，诚为顾家的最爱，是为一峰奇石，亭即为此峰石而筑，顾家祖上即酷爱奇石秀峰的灵异古怪，美石清供，是顾家的遗风。传至顾文彬这一代，家境富裕，更多奇石入园，而奇石中的魁首，即是“一峰亭”的这一峰，一峰是何等的奇峭？人们可从书画大师吴昌硕为此峰石撰写的匾额“一峰亭”，窥其概貌。清末，怡园传承至顾鹤逸之手，顾为江南名画家，吴门画派的后劲，大力倡导中国画学，以怡园为雅望之地，始建“怡园画社”，社长为吴昌硕。一时名家云集，切磋画艺，阐幽书道。诗词唱和、丹青共染之余，常一同鉴赏把玩顾家藏品，深为鹤庐的一峰所倾倒，吴昌硕见之，讶赞为人间难得一见的神品，为表垂青之意，亦应鹤翁所请，提笔濡墨，特赠篆书匾额“一峰亭”，并写下一段笔意遒劲酣畅、文词翰逸神飞的行草跋文：“鹤翁藏石，高不盈尺。然岩峦洞壑毕具，质如枯木，叩之有声，奇石也。”此石最为奇妙罕绝之处是，供置案头，正侧颠倒，皆成景观，适为鹤翁纵意山水、构架丘壑的范本。鹤翁平日将石密藏于楠木匣中，观赏时，只需抽开木匣插盖，见一九方衬格，内敷蒲桃软囊，中间一大格，内置峰石，余之八格内，是八只工精样美，繁简花素俱臻其妙的紫檀托座，观者可随兴换置底座，一座一景，立见山势骤然变幻，顷刻之间，恍若游遍黄山七十二峰。古人为一案几石悬匾、筑亭，且见于史籍者，只鹤翁一

楠木藏石匣 张传伦藏

灵璧石 紫檀雕流云纹座 张传伦藏

人，非其风雅在骨、爱石至切，不能为之。

新中国成立后，顾家将收藏几代的古玩珍宝，举凡珪璋彝簋、名家字画、碑帖善本，连同怡园一并捐献给了国家，唯独这只峰石不在其列，顾家视作拱璧，世袭传承，今仍在其后代之手，宛若石藏深山，世所难见，几十年来，外人渺无人知，笔者多年耳闻，憾未亲见，石友相聚，每提及此石，无不希罕其绝，尊推为古今案几供石之冠，虽不能一饱眼福，窗下清谈，无不觉怡情悦性。

笔者藏石，虽雅不及鹤翁藏石有八面之德，1996年入藏一只灵璧石，犹可赏得四面景观。石得于苏州文物总店，店方示我时，附有一只原配老座，我粗略一观，既觉石座匹配，不甚相宜，我接石在手，上下掂量，觉其非凡物，翻手为云，覆手成峰，四面清供，皆有可观。更令我喜出望外的是藏石的原配楠木匣尚存，小有残缺，内格缺佚，软囊朽烂，却大体无伤，选用旧材，可修整如旧。我心下喜之，恐惊了店方，便不露声色地问价还价，全不似往常那样狠心砍价，意图杀到最低，面对这只奇石，贬低它的价格，是为不敬，恐伤石气。最后打了个九折，付款购下，携石北归。

摩石精舍平添一雅物，暂置案头，啜茗清赏之际，正是我设构底座的良机。石为灰色，从石种和包浆审看，应是一只明代灵璧石，形质上乘，唯其声叩之松哑，不似浮磬山上的八音磬石。却极见苍古之气，充盈于咫尺之间，大明风调，

灵璧石 黄花梨木雕树瘿、起线乳钉足双层座 张传伦藏

蕴藉深蔚，正明士子寄物澄怀之妙物。此石四面成景，各具风韵。选四种良材为之精制底座。（幸原座存一）

着楠木起线束腰双层座者——蛰伏蓄势。

着红木雕树瘿座者——将翔将跃。

着紫檀雕流云纹底座者——玉树临风。

着黄花梨雕树瘿、起线乳钉足双层座者——卓荦不群。

此四面景观俱备之雅石，仰古贤良之风，敛才抑气，平素藏于一清代金丝香楠木密匣之中，不待俗眼，非名流高士难得一窥真容，今读者皆可赖此文一睹风采，亦乃石缘非浅。石不能言最怡人！可浮一觞也。

灵璧石 楠木束腰双层座 张传伦藏

寿山青田石的清供石山

园林石与案几石，可以把它们归入一个共同的范畴，或者拟一个共同的名称，依照时下的说法，似应该统称为观赏石。观赏石又有广义和狭义之分，一切具有观赏价值，观之令人赏心悦目的天然奇石和人工雕琢的工艺美石，为广义观赏石。狭义观赏石，只属于那种浑璞未凿、天然生就，具有审美和收藏价值的石头。纵览狭义观赏石，几乎包括了所有传统古石，如灵璧、英德、太湖、昆山等石，这些石都可用一个共同的标准来界定，即它们的摩氏硬度，均应在四至七度之间。遵从多年沿革的习惯未把印章石如寿山石、青田石等归入观赏之列，倒不是因为它们的摩氏硬度稍低，实则只是印人刻字的材料而已。古今的好石者，模仿自然奇石，把青田、寿山石雕成山子，充作文房的清供，别有一番情趣，这便具有了广义观赏石的意义。自然的造化绝不厚此薄彼，广为印章所用的青田、寿山石中，也有天然的奇石，不以皱、透、漏、瘦，博人青睐，大都方岩平嶂，不假峭拔之外形，正与大朴无形的真趣相投合。天津杨柳青画社，多年前经张茂如先生之手，购藏了一只寿山石山子，可为此类石中神品，石材之精美、刻铭之隽雅，已臻极致，张先生是在古玩行中浸润了一辈子的方家巨眼，经他过手的文玩佳物，今日拿出来看，件件是瑰宝奇珍，过眼云烟，亦非凡物，最为同行称道的是，精于图章石料和砚台的鉴定，曾在柜上收过大可一拳盈握的田黄石，田坑、

青田石山 黄花梨木雕随形座 张传伦藏

枇杷黄，随形施薄意浅浮雕，巧作成一幅立体的“秋谷幽壑图”，明人刀法，生动活脱。大约十年前，我经朋友介绍，带着一块我刚在天津沈阳道古物市场地摊上买下的田黄石，请张老掌眼，定夺真伪。张老借助放大镜稍加审看，告诉我：“假的！连江黄，不是田黄，却是上等的连江黄，旧时的古董商，多用这种石冒充田黄牟利，以后要多加小心。”我还想进一步请教，比如您是如何鉴定不是田黄的，张老好像看出了我的心思，说：“你年轻见得少，以后还是要多看，多比较，见得多了，就会了。”这话听似平淡无奇，只有在古玩鉴定这一行摸爬滚打多年的行内人士，才能深刻地体味它诚朴不磨的真意，大匠诲人，尽在平常话语之中。张老收购的砚台，非古砚中的名品不取，砚的主人也大都是名家文人，积年所藏，大有可观。杨柳青画社藏品丰富，不逊于文物公司，张老的贡献最大。这只石山，横超尺距，高逾五寸，色如蒸栗，通体滋润，了无一丝石斑杂痕。最为珍贵、也是令买家竞相争购的原因，此石四面，洋洋洒洒、密密麻麻，刻满了清代名家的诗文题字，高贤韵士，文采风流，石藉铭文而意味隽永，最宜文房清供。与三代秦汉鼎彝，同为环璧之属。1995年，在北京翰海春季艺术品拍卖会上，一露庐山真面，即被各路买家由几万元追捧至187000元，方始槌落成交。2002年，此石重现江湖，又在翰海春拍会上，经多个回合的激烈竞投，最终以43万的善价成交，不负送拍者的数年留藏，金钱的投资与精神的寄托，得到了双重满足。

1995年，在翰海的春拍预展上，初见此石，笔者亦深喜其朴茂古雅，在橱窗前久久不忍移步。翌日的拍卖场上，参与竞投，曾举至八万元，方才罢手旁观，场上仍买气炽盛，十万元后，只见两人你追我赶——一槌定音的落地价，倍于我的心理价位，与美石擦肩而过，遗憾化作几声嗟叹后，已幻想着来日方长，自有机会收藏同类的石头。不玩不知道，这种可做石山清供的大块石料竟比秦汉玺

寿山石山 红木随形座 私人藏

印、鸡血鱼脑、田黄芙蓉还要难求得多。质地精良，适宜做山子的大块石材，坑洞出石时，便寥寥无几，偶尔发现，落入俗匠之手，不谙石趣，又遭化整为零，被切割成许多大小不等的图章料，有幸归为石山之属者，迭经多年，世事剧变，泰半失遗，不复见于世间。古物珍玩，造化灵淑，并不在于你特特追寻，苦苦求索，便独钟于你，往往因人而异，待人而显，若无缘分，势如瀚海寻针，无迹可寻。

翰海 '95春拍后，笔者暗暗把搜求一只寿山石山，列为收藏首选，那些日子，厂甸冷摊，常见我的身影，不厌其烦地在五花八门的古玩堆中仔细寻看，没有发现什么，还要跟上一句："有没有石山？寿山、青田的都行。"也跟跑河北、山东、山西、江浙……旧货的商贩，打好了招呼："上货时见了这类东西，我要，介绍我买也行，买成了，见十抽一，给佣金。”古代珍玩的拍卖会上，更是场场不落，一晃两年过去了，工夫下了不少，不见石山的踪影。我的心气慢慢凉了下来，不再那么刻意追求时，机缘却与我不期而遇，让我在不经意间，撞上了我想要的东西。那是1997年秋日的一天，我串行买货，在货主家里买了几幅字画、几件杂七杂八的小玩意儿，来了兴致，催问主家：“有没有更好的东西拿出来看？”人家挠了挠头，想了想告诉我：“刚在户里买了一块大石章料，这东西你也不对路，挺沉的，在床底下不好拿，甭看了。”我一听顿时激灵了一下，第六感告诉我，我踏破铁鞋搜寻的东西终于找到了，我按捺住心头的喜悦，唯恐惊了对方，漫不经心地问了一句：“什么东西？石章料啊，不好拿就算了。要不我帮你拿？”我们俩躬身从床铺底下拉出了一个编织袋，沉沉的，两人用力把它搬到了床上，打开一看，果然是一块未经人工雕凿，齐头方脑，尺寸大小与那只寿山石相仿佛的石山，一色桂花黄下，若隐若现露出一点嫩绿的玉质，我一时不能确定它的材质，是玉还是石？心里敲着边鼓。潜意识里最不希望它是一块岫岩玉，看情形卖主也不懂是什么石质，问他，他说是古玉，古玉能多卖钱，他所以这么说。这只石头出坑年代久远，最喜人的是，包浆皮壳一流，温润华滋，不失厚朴。买回家后，置于案头，日暮朝夕，我有足够的时间，从容审看，用刀锋划石，不费力就划出了白道，摩氏硬度不高，是宜于刻磨的石章料，排除了玉的可能，岫岩玉虽然也软，但不会生成这样的皮壳。我又逐一排比鉴定，与寿山、青田、巴林、莱州石……相比较，最后确定为青田冻石，此石的包浆远胜那只被两次拍出的寿山石山，遗憾是没有古人题字，少了些文玩的雅韵。至于没有原配托座，这倒不难办，我以黄花梨料琢出一只树瘿随形座，桂花黄的青田石配上蜜蜡般晶熟的黄花梨托座，文石文木，清雅恬淡。案牍劳累、品茗悠闲之时，望上几眼，煞是养目。

清代石文化特色与高凤翰藏石

有清一代三百年，石文化发展承前启后。兰园植湖石，檀案供灵璧，是此一代藏石家共同之雅好。乾隆皇帝偶开天眼，赏其异趣，便将前朝米万钟因家财告罄，无奈弃荒于中途的“青芝岫”巨石，倾国之力，运至颐和园，安置在乐寿堂。乾隆视若国之重宝，政暇之余，每每端坐在乐寿堂内紫檀龙椅之上，放眼览幸这千古恒定不变之巨石，以为是征兆永世四海升平、天下一统之祥瑞，青芝岫恢宏之气象，米家私园确是纳之不下。明前之文人藏石，大因沧桑离乱、文祸兵燹，今日已恐难复见，镇江金山寺所藏宋代苏东坡“雪浪石”，据考为赝品，更为一叹者，已非第一代赝品。天公造物，代有不同。明朝士人雅好之灵璧、英石皆苍然古貌，巍乎磊落，虽小而现大，气格宏深，正所谓：“竖划三寸，当千仞之高，横墨数尺，体百里之迥。”清代藏石玩家，偏爱清峭峻极，峰峦耸峙之石，虽见峣折，渐离古风。今人得石若灵璧，唯其声质犹存，叩之铿然，惜其形意，呆钝臃滞、燥涩生硬，未脱山穴地阴之气，冥顽不灵，只可曝于莽野之上、庭院之中，以阳克阴，须累经十年之上，方可登堂入室，始着意盘玩，渐显包浆，清和之气随之派生，宜以养身也。石之佳者，一面成景，便有可观。四面玲珑，乃为神品。倘具八面玲珑，且无一面不奇、不雅之石，问世间可有？清末民国年间，苏州怡园主人顾鹤逸珍藏一峰石，即有此八面之德。此石庶可为清代美石之冠，石艺在清代获得了普遍的发展，于明代发现的广东黄蜡石这一新的奇石品种，在清代得以光大，而今甚至有人研究认为：黄蜡石是清代赏石的标准，品类繁多的案几石的艺术成就，超越前朝，且于赏石台座的设制，多有创新。清廷曾下谕旨采办奇石，如《与曹颙奉旨采办石竹情形折》记康熙五十二年十二月二十四日，"窃臣煦与曹颙奉旨采办灵璧磬石"，"至于磬石，灵璧县未有现成，已经选工到山赶紧采取，俟一齐全，即星飞进呈"。九州奇石之美者，贡进之外，泰半为江浙皖三省所收集，苏州古典园林在清代得到了空前的发展，鼎盛时期，有大大小小的私家园林一百多座，家家园林峰石竞秀，户户厅堂奇石争奇，这得益于文人阶层的大力倡导，文人韵士、书画大家纷纷参与石艺，奇石已成为文人书房须臾不可离的雅物。清人于奇石理论方面却建树无多，综观清代十朝，未曾见有类《云林石谱》《素园石谱》之论石巨著刊行天下，这大约与前人的奇石理论业已备极详尽有关。唯有才情过人的郑板桥品啜出苏东坡《丑石论》之个中三昧，以画竹蜚声天下的郑板桥爱石之情，不逊于竹。从他"随手题句，观者叹绝"的画作跋文中，深感竹石在板桥笔下是不可分割之一种品格、一种趣味、一种意境。"竹君子，石大人，千岁友，四时春。一峰石，六竿竹。磊磊一块石，疏疏两枝竹。"竹、石孰美？难分伯仲，难见高低，他在巨幅中堂竹石图跋文中，一叙衷情："竹有高于石，石有高于竹。竹石两相平，何须分品级。"板桥画石、收藏石，奇石理论，一如其画，极富个性特色。他以为苏东坡玩石比之米元章悟性更高，推崇东坡丑石论："彼元章但云好之为好，而不知陋劣中有至好也。东坡胸次，其造化炉冶乎。"由此，引出郑氏奇石观："石丑当丑而雄、丑而秀。"

与郑板桥同为扬州八怪的高凤翰，玩石之情好，自当与板桥素心同调，更喜高氏尚有遗石，流传至今。凤翰富收藏，当其时康雍乾盛世，即已名动天下。

崂山绿石 楠木随形座 张传伦藏

凤翰夜梦司马相如，次晨得司马相如玉印，如此天合之机缘，着实惹几代士人羡慕，时至清厦已倾之民国年间，张伯驹从溥雪斋松风草堂加润得柳如是蘼芜砚，亦是次晨有琉璃厂肆古董商人，携一砚求售，视之乃钱谦益之玉凤珠砚，夫妇两砚一夜之间巧然合璧，唯伯驹此之机缘，方不让凤翰彼之机缘。际遇之奇、玩古之乐，于此称最。世人多晓高凤翰收藏秦汉印章、明清名家印，嗜砚成癖，而鲜知其酷爱奇石，更不详其生前蓄藏几多奇石，凤翰爱石独立不移之风骨，借以构筑其精神家园："怪石黄花倚修竹，寒香介节共清风。"高氏偏爱庭院中嵌空玲珑之太湖石，这从其许多诗文中，不难窥知。而于案头清供之石，此君欣赏崂山石，不外乎是被崂山石不假峭拔之外形，而重朴拙蕴藉所动，正与其高古、稚拙之画风，一脉相承，亦衬托出凤翰清高、磊落之性格。崂山石，亦称海底玉，只产于青岛崂山下藏村附近之海沟内，石深没波涛中，极难开采，故极珍贵。其色多为绿色，极少有人知晓崂山石之神品为墨色，然非黑墨一块，隐隐之中，透出一丝碧玉般莹绿，似玉非玉，聊胜于玉，弃玉之软艳，扬石之清刚。今人有幸所见两只高凤翰遗石，皆为崂山石，一为横墨之形，一为竖划之态，虽无皱透漏瘦之形，却有清奇古怪之意。二石所重者，不拘于法，而独以气韵胜，此亦为凤翰珍爱之由。其一"横墨者"下承红木座架，石、座均有刻铭，石色墨绿，包浆苍古。料想凤翰收藏之时，即是古物，惜未见前贤刻款。凤翰重其神韵者，必是石中透发之雄浑苍润、高古冷逸之气！亦是此石与清代民间藏石大异其趣之处，斯时，险峻耸峭之石，见爱者日众，而此朴拙无华、大器无形之器，只为凤翰一流人物寄物骋怀之妙品。凤翰刊石名"小方壶"。传说海上有三座仙山，曰：蓬莱、方丈、瀛洲。方丈一山即方壶，"小方壶"一题，此石便具神秘梦幻之意，凤翰笔耕间暇，玩此奇石，虽不欲披鹤氅、戴华阳、持周易，直须着长衫、拂素扇、焚兰香于宣炉，尽消尘虑。奇石之外，第见：天朗地苏、海晏河清。此石自清迄今，流传有序，民国年间为钱镜塘所得。钱镜塘，五代十国吴越国王钱镠后代，其祖父、父亲都是前清著名书画家。镜塘富收藏、精鉴赏，所藏书画、古物皆国宝级珍品，曾藏任伯年画作精品一百幅，无一赝品。钱氏得石后，欣喜之下，遍示海上友人，书画大家吴湖帆临摹此石，作《小方壶图》一帧，赠钱，谢稚柳亦跋文其上，吴氏又题："宋坑小方壶"，镌于红木底座上，世人始知此石乃宋代遗石。美国收藏中国古石大家理查德·罗森勃姆曾著书刊录此石及吴湖帆《小方壶图》。据云，小方壶石、小方壶图现均藏于海上藏家之手。高凤翰清思灵动，信手拈来南岳衡山祝融峰，题其所藏崂山石为"小祝融"，与"小方壶"一般，缩得名山、险峰为几案之石供。"小祝融"一石，春山如黛，壁立当空，高可盈尺，宽仅寸余，此形于崂山石中殊为罕见。三百年后，摩石精舍主人于高凤翰故郡，幸获此石，曩哲遗石，自是天马行空，不同凡骨，"小祝融"案头落定，环室之中顿生静谧气象，神闲气定之后，再瞻此石，仿佛一尊观音立像，慈祥雍穆。

数年前，笔者亦曾在文物展销会上得见一崂山石山，远望此山，突兀端挺，无所依傍，有古高士风。近看，包浆光润，色如碧玉，古雅之韵，撩人心扉。举近观之，上刊高凤翰铭文、图章，颇似西园臂残前风格，未及细查，午时即被外埠人购去。高凤翰以其丰厚之文化底蕴、高深之艺术修养，躅浮清风，入石之堂奥，其所藏者皆石中瑰宝，虽偏爱崂山石，然犹能断定西园书房、石斋，不乏灵璧、英石供养，以期朝夕相伴，颐养天和。今人唯憾无缘得见此类石品，愿其隐于地、隐于水、幽隐于藏家之鲁壁，期日再现于后之来者。

奇石的架座艺术

石界流传一句行话："石头玩的就是座。"一语点明了架座之于奇石的重要性，奇石架座同属文玩架座的范畴，只是奇石与架座的关系更为紧密，乃因石无架座托承，无以立身，架座为奇石增色添辉，提高观赏价值，已降为次要意义。奇石架座与品类繁多的文玩架座一样，在笔者与杨广泰君编撰的《文玩架座欣赏》一书问世之前，并不被艺林所重，笔者与广泰君不揣浅陋，发微探幽，敢为天下先，首次提出"架座艺术"这一古典艺术课题，填补了此项研究之空白，将世上好古之士关注的热点由皇皇巨构之明清家具移情导向架座，尽些许微薄之力。艺术固有优劣之别，而无大小之分。据此细析之，架座竟大多居高临下"凌驾"于明清家具之上，而明清家具亦甘当架座之"架座"，一同协力承载、托置

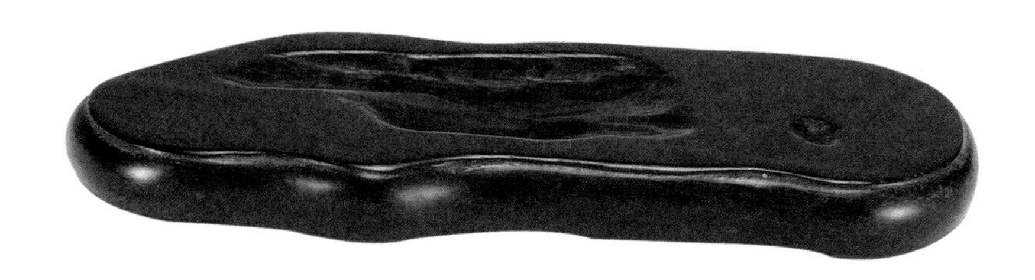

紫檀雕泥鳅背随形石山座 张传伦藏

红木雕树瘿随形石山座 张传伦藏

其主体——古典艺术之瑰宝：瓷器、玉器、铜器、石山、竹木牙雕及其他难于细数的各类杂项件。追忆昔年曾有幸收藏一黄杨雕件，是为玉山之底座，刻工之精到，可谓苦心孤诣，其至美，诚为平生所仅见，雕题为“草虫瓜蔬”，蔓筋叶脉毕现，飞翅触须欲动。粗视，以为品相稍差，遭虫啮蛀空成几多虫眼，举近观之，方知是刻意所为，鬼锼神镂之绝妙，妙在天趣自然。

奇石架座艺术风格多样，或光素朴实，或繁丽典雅。京作、苏作、广作、闽作、鲁作、晋作……皆有精美作品传世。若依地分南北，可大而分之为南作、北作。南作，工丽精雅；北作，古朴大方。京作虽归于北作，然则木秀于林，擅集南北之长，复承宫廷官器之豪华典丽，却极少奢靡之气，遂将京作奇石架座，从选料、造型、刻工、拼榫接缝、挼磨擦漆之众多工艺推向极致，法度精严，可谓观一器而尽得佳妙。北作中之鲁作，粗犷端庄，古风独存。晋作有类于鲁作，鲁作、晋作，常饰大漆。南作中又分苏作、广作、闽作，三者艺术风格不尽相同。苏作设制工巧，精雅秀媚。广作质材精善，舒展飘逸，多呈弯腿弯足，料圆而少起线。闽作与广作有同工异曲之妙。南作髹漆光丽，北作设材宽硕。足高者称为架，足矮者称为座，唯明代奇石架座与明代家具一样，共具最高艺术水准，永执奇石架座艺术之牛耳。奇石架座同其他雕刻小件一样，是当地小器作产品，在明清民国之际，广布于国之南北生产、经营小件木器的作坊，为后世存留了无数精美作品，但相较明清家具自1985年王世襄先生著述《明式家具珍赏》一书问世之后，所引发的世界范围内收藏研究明清家具之热潮来看，由明迄今，几百年来对奇石架座艺术之研究于《文玩架座欣赏》一书出版之前，失之阙如。然其经济价值却在近几年内陡增暴涨，成为古玩厂肆旺销之雅物俏件，其物虽小，倘遇绝品，纵出至十数万元，竟不可得。精美之“原头”架座，已为稀罕之物。奇石架座既忝列为古玩，便与其他古物一样，残件颇多、修复颇难，难在无物可鉴、无籍可考。单凭臆造、想象，修成后常与原物不相和谐，恶工俗艺，其技不逮，反致败神伤体，何如不修。奇石架座设计、雕刻之艰难，非行外人士所能想象，

红木雕树瘿随形石山座 张传伦藏

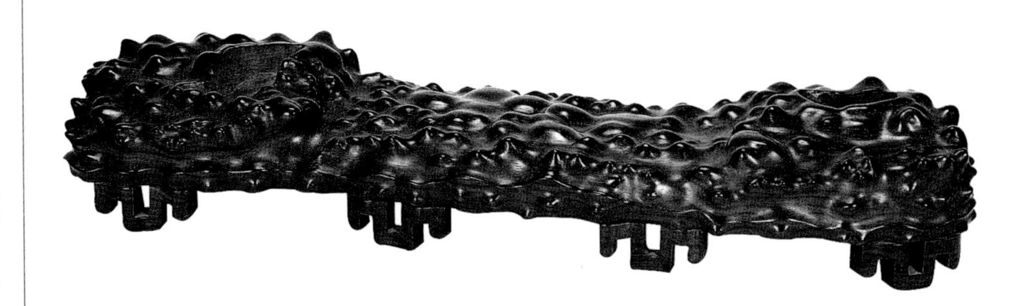

红木雕树瘿随形石山座 张传伦藏

如为一只奇石配底座，为臻绝致，反复设构：明式、清式，北作、南作，素活、花活，尺寸大小，落槽深浅……日思夜想、殚精竭虑，竟达三年之久，始操斧斤。甫成却不如意，弃如敝屣。奇石架座艺术——遗憾之艺术，所憾之处在于：须待众多工艺流程完成之后，方才知晓是否与所托之物和谐，是否具座物合一之美感，是否提高品位。此前，不可预卜。恰如明代之前家具存世很少一样，今天所见之架座绝大部分是明代以降至民国时期产物，其材质与明清家具所用一致，不外紫檀、黄花梨、乌木、红木、黄杨、花梨、铁梨及各类白木。一只佳石其底部应是不就斧斤的自然状态，如无座架托承便不能直立，明代的案几清供石，讲究座架的装饰艺术。此艺兴盛于明代，这有赖于郑和七下西洋，率领当时世界上最庞大的船队，随船带回了产于南洋群岛一带的紫檀等珍贵木材，给明代家具提供了最好的材质，而托置、摆放奇石及其他古董的座架，亦承继了明代家具的菁华。明人至少认识到了一只适宜的座架，确为所衬托之石增色添辉，能提高奇石的艺术观赏价值。明式座架确也高古大气，独领风骚几百年，至今魅力四射。奇石与最为相宜的明式座架相配，实现了它整体的美。明代，始可称作中国奇石集大成的时代。

明代奇石的架座，为突出奇石主体，设计上力求简洁，常见以黄花梨板材打洼、落槽、配饰若干个暗足，即为一只明味十足的石山架座，或雕以泥鳅背，多不加束腰，四足方形台座为明代奇石常见台座，偶有雕饰花工者亦不繁复，只是在最恰当的部位给予精雕细刻，如海水纹、流云纹等。清代的奇石架座，在明代的基础上也有创新，比如座分两层或一座一架，或一座一落地高几，独为承托石山。雕树桩、树瘿形台座，为清代石山架座的代表作，至清末，此艺已成为一种十分成熟、变换多姿的台座程式。笔者收藏有多只此类不同样式的架座，并借此为蓝本，手制了几只石山架座，玩石者，不可不谙熟此道。因所遇古石，十之六七失却原配架座，为古石制座之前，先要认真仔细地鉴赏奇石的品貌、风格，究竟选用何种样式的架座，与其最为和谐，以达到石座合一的境界，这是制座能否成功的先决条件。依笔者之经验，务要慎之又慎，且勿匆匆动手，免得一招棋错，满盘皆输。煞费苦心做出的架座，工精料美，奇石与架座却两不搭界，俗话

紫檀束腰随形石山座 张传伦藏

说不合气。必须是在有万无一失的设计后，方可一施锯刨，加工的程序为：

一、选材。何种材料最适合这只奇石，要反复斟酌，不一定非要紫檀黄花梨，有时软木材料效果更佳。

二、下料。最应注意的是选好木纹。

三、做出架座的大形。切记奇石的架座，宁小勿大，初涉此道者，往往把架座做大，尺寸超过奇石，显得臃肿，十分不雅，不如不做。

四、落槽。首要追求石落槽中，稳如泰山，在此基础上掌握好奇石的角度和落槽的深浅。

五、雕刻。下刀要稳、准、狠。最忌拖泥带水，底子不清。线条要灵动、圆润。

六、打磨。好的磨工要能做到修饰雕工的不足，冗繁削尽留清瘦。

严格按此操作，制出的架座，方可不负奇石之灵异，善藏古石者，或早或晚，定要精擅此艺，可全奇石之美。

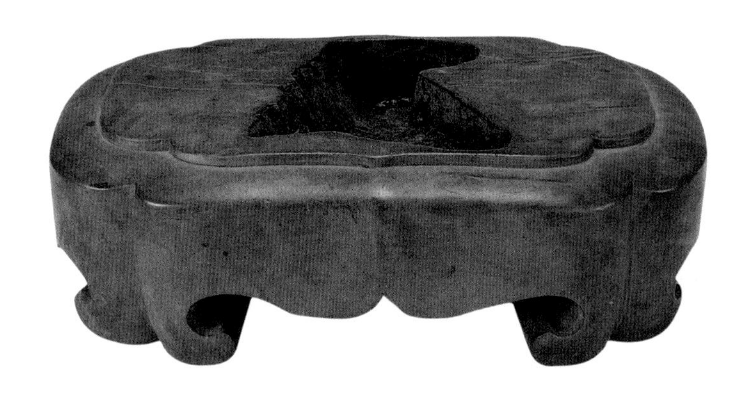

黄柏木雕椭圆形四足石山座　张传伦藏

我与大师的奇石缘

美国的天才藏石家理查德·罗森勃姆以其藏石的古雅精妙，独步天下，最为石界所激赏。罗公为弘扬博大渊深的中国石文化贡献良多，尤令中国石友折心感佩的是：罗公并未将石藏之密箧，借以孤芳自赏，独擅其乐。20世纪90年代，他就以自己收藏的两百多方中国古代文人石精品，在美国各大博物馆、艺术中心作巡回展，并将多只奇石赠与美国的博物馆，化私为公，永葆厥美。

罗森勃姆先生雅室平居，鉴赏藏石，深感骄傲，得意日久，顿生华山论剑，叹无对手的感慨。他晚年便对中国石友说："现实的中国已没有文人，从他们的藏石就可看到这一点，不懂石头，有愧于古人。"此番话，虽属有感而发，却不免失之偏颇。是的，在当代中国是没有哪一位文人能有罗森勃姆这样质量俱佳的丰富收藏，但中国从古至今，并不缺少深悟石性、精通石道的藏石大家。著名书画艺术大师范曾先生，即是一位不让古之贤良，可入山之灵穴、窥石之幽窍的方家、巨眼。笔者追随先生从学问艺多年，深知先生崇尚自然，精谙石道，素怀林泉高致，耽爱宋代大画家郭熙的生活情趣："君子之所以爱夫山水者，其旨安在？丘园养素，所常处也；泉石啸傲，所常乐也；渔樵隐逸，所常适也；猿鹤飞鸣，所常亲也；尘嚣缰锁，此人情所常厌也；烟霞仙圣，此人情所常顾而不得见也……"二十一世纪之初，范公为矗峰养石，"试问安排华屋处，何如零落乱云

墨寿山石山 紫檀木雕海水纹双层座　范曾藏

中？”逸兴豪发，遂于京几郊野，置下别业，庶可与清季才子袁枚所好略同。好味、好葺屋、好游、好友、好花竹泉石、好珪璋彝尊名人字画——而于花竹泉石园囿之好，范公胜于群好。别业内，兼有数亩绿地，此蒙茸青萍之野，亘古未营之处女地，而非隋氏旧园，正不必茨墙剪阖，易檐改涂，亦不欲似袁枚治随园，随其高为置江楼，随其下为置溪亭，随其夹涧为之桥，随其湍流为之舟。直须园艺国手擘划，因地制宜，构山叠嶂，植乔栽灌，石须浮磬山上之灵璧、太湖流下之幽岩，择其奇者矗立园中，以待范公石瘦题诗。木植明初洪武之石榴、清末光绪之紫藤，一架碧荫，可供范公吟余神憩，流连斯园，乔灌竞茂，针阔并繁，花草参差其间。春有金枝柔柳，摇曳东风。夏有菡萏幽香，清溢满园。秋有枣红若灯，天高意爽。冬有竹黄松青，正君子岁寒坚贞之心。范公私园，更缘奇石巨峰，名冠九州。辛巳年荷月先生庋藏一座灵璧巨石，雄踞园中，峰峦屏列，巍峨苍朴，“课虚叩寂”，其声铿然，聊胜钟磬中出，公命题铭：“太古音藏。”风发天籁，不假窍穴竹管，聆者又何须慨叹广陵散绝、不复有古弦韶乐呢？！2001年，有鲁地雅人敬赠先生一座泰山巨石，两丈余宽的石面之上，祥云霭雾、晴巘烟岚，若隐若现、若即若离，唯见秋水扬波于天涯——范公刻铭“南华秋水”。

1995年，我与范曾先生在沈阳道古物市场“宣风堂”内雅聚，早年先生即有描述古生物化石——燕子石的散文《燕燕于飞》，风行天下，写尽燕子石的奇异。知先生爱美石，便自书柜中出示一只我不久前得于冷摊的明代墨寿山石石山，石山高可盈尺，黛峰干云，如排箫般罗列，包浆极古雅可人。此山虽悉为人工琢制，明代良匠，自有鬼斧神工之艺，千刻万锲、精揆细磨，终不落人为窠臼，竟有天然峰石所不能及者，亦可为古代雕刻典范。先生见后，大为欣赏，曰：“此石若我遇之，亦当藏。”我之雅藏，蒙先生法眼垂青，顿觉欣慰，当即想以此石相赠，又碍于石无托座映衬，需假我以时日，配上托座，一并相赠为妥。连日来，精心设构托座，遍选良材，终获一节小叶金星紫檀，遂绳墨尺寸，厚薄方圆，制成一金波水浪纹台座，下承四足起线底基座，妙配后的黛色石山，仿佛一位临风依崖而立的绝代英士，孤标磊落。此时，范曾先生已飞返法国巴黎，我既已私心许之，又岂敢在厅堂案几上供置自赏，只宜藏之深山，留待先生截取巫云一片。三年后，再与先生执礼相见，我说：“阖府藏石，可请先生尽选，奉送一只，以为敬意。”先生笑曰：“既然，还以那只排箫为宜。”自此，这只墨寿山石为“抱冲斋”清供雅物，先生日置案头，近慰寂廖，遥寄远怀。怡情悦性，石山之功不可没。

陈介祺藏石“月照昆岗”

陈介祺的大名，笔者原想在谈古代青铜器的论文中，重重地写上一笔，不曾想，说石之文与之亦颇关联。清末民国年间，山东陈介祺在书法、金石、碑帖、收藏诸多领域，皆为蜚声遐迩的大家，中国古典艺术的瑰宝，青铜器中铭文最多的西周重器“毛公鼎”，曾是陈介祺的藏品，此鼎铭文长达四百九十七字，足可抵得上一篇周文《尚书》，是研究西周历史的宝贵资料。且不论“毛公鼎”如何恒赫辉煌，单是当时拓下一张拓片，便是价值不菲的珍玩，时人多争以为宝。抗日战争胜利后，硝烟初散，“毛公鼎”却不见了踪影，国人八方寻觅未果，宝鼎此刻的际遇，说来令人啼笑皆非，不知被何人搜罗至国民党军统办公室，弃置一边，充作了盛放废纸的纸篓，一日，被当时的军统总务处长沈醉发现，“毛公鼎”才重见天日，恢复了国之重宝的地位。民国年间，陈介祺的老家山东潍县，仿古青铜器的制造，达到了以假乱真的水平，令很多行家难辨真伪，吃下不少假货，为之提供青铜真本和技术指导的就是青铜器收藏大家陈介祺。乃至行家慨叹，自古以来，收藏大家必是作伪的高手，今以陈氏所行观之，始知此言不谬。陈介祺在收藏方面，堪称多门类收藏的大师，青铜器的收藏独领高标，且于古今书画的收藏，上溯宋元，下及明清。精擅古物摹拓，信笔题索，古意隽永，三代鼎鼐之墨拓，经其跋识，即为完物。秦玺汉印，广事收集，著书立论，精研至深。全盛时期，藏印一万余方，自号“万印楼主”，一万余方的古玺收藏，今日观来，纵倾国之力，亦难办之。而于陈公，只其一项收藏而已。藏海渊深，陈公总持淹雅，无所不涉，无所不精。收藏巨擘也是艺术大师。陈介祺工书法，以颜真卿笔意入钟鼎文字，自成面目，笔者收藏有陈介祺行书条屏、篆书楹帖。最为珍罕的是，陈介祺的一只崂山古石为笔者所得，尝为摩石精舍藏石中的精绝之品。陈介祺亲题石铭“月照昆岗”，下篆一朱文小章“介祺”，笔者十年前得于厂肆，初观时，混沌一块，石表被一层土黄色的油漆状物遮盖，只是从两端露出的绿色，凭多年的赏石经验，依稀辨出这是一只崂山石，石主也没当什么好东西，故以低价鬻得，携石归家后，用稀料除去油漆污垢后，不唯古色莹然，竟在石的左面，有刻字惊现于山壁间，这意外的收获，真如农夫荷锄掘地，翻出了狗头金，惊喜之情，可想而知，铭文为四字篆书，年久尘集，字迹不清，笔者用竹签小心剔尽波磔点画间的淤结物，辨识四字为“月照昆岗”，阳文小章刻“介祺”名款，古石之上留存先贤的铭文，虽只言片字，胜过金玉珠玑，曾闻

崂山绿石　楠木束腰随形座　张传伦藏

旧时，商周青铜器，上著铭文一字，可值黄金一条，今得古石，上篆铭文，则可与之等量齐观。

“月照昆岗”的石铭，笔者起初未觉有什么高深典雅，倒有几分不解。多日后，方品啜出它的良深意味，幽光之下，石山微凸的一面石壁上，光晕微明，好似洒下一层朦胧的银色月光，陈公发此意而命之，妙题石铭，只此一题，石格飙升。进士出身的陈介祺，自视一介书生，咸丰四年乞归故里，醉心古典艺术，一发不可收拾。万印楼头，冷月如钩，石色淡然，属意幽邃，陈介祺融身其中，终

清中期 “幻海”铭崂山绿石山子

崂山绿石　楠木椭圆形四方足座　张传伦藏

日摩挲鉴古，展卷呕吟——不知东方之既白。

赏石依其大小，分为园林石和案几石，但有一种情况，容易混淆概念，即是当赏石体积过大，实不能供置在案几之上，偏又要摆放在厅堂中，配以木质托座、直接落地（俗称地托）摆放，当不宜以案几石相称。碍于此，不妨将赏石再广而分之为：室外石和室内石。笔者以为两种石的唯一区别，在于赏石托座的材质，木质托座的赏石，一定是室内石，石质托座的赏石，室外、室内兼可，大多为室外石。笔者迄今所见最大的一尊崂山石，即是软木方座，落地为峰的室内石，高逾一米，宽、深约为一尺，此石为北京琉璃厂“一言堂”藏石，石如碧玉，最为绝妙处，聚象如天成图画，宛若一幅赭色淡染的秋景山水，群峰隐浮，寒林清旷，草木萧疏，散缀其间，石上方，有铭文数行，年款为光绪，殊为少见的是，刻法施以双钩阴刻，铭文未能详记。据说此石后为“汉雅轩”所获，一言堂的女主人温文尔雅，竟得如此苍兀丰硕之大石，足证其石缘巨大，“天将灵石付斯人”，聚散两依依，曾经拥有，已是大福。

笔者先后收藏数只崂山石，第一只得于古玩地摊，摩石精舍珍藏至今，已有十多个年头。当时买石的情景，历历在目，摊主是一位外地农民模样的中年人，开价两千，石为横山形，带原配金丝楠木托座，做工考究，信为清代小器作的精品佳作，座分三层，依石样而随形，座面落槽、束腰、下接裙围底足，以一整木雕出。石质葱翠莹润，间布黄斑，自然原石，未曾雕饰。笔者在此之前，从未经手、过眼过崂山石，甚至不知崂山石究为何物？恍以为玉，遂以一千元买进。当天的古物市场上，对此物感兴趣的还有一人，他见我已托石在手，面带悔色，“我以为这东西没人要，想等中午收摊后再买，价钱肯定便宜，没想到让你买走了。”听他一说，我觉得他可能比我懂，于是请教道：“这个山子是玉吗？”谁知他也不懂：“不知道，就这玩意儿吧。”

笔者在几案上摆了几年后，才知非玉，实是产于山东的崂山石，又称海底玉。十年中，又陆续入藏几只崂山石，若论石质，均不如此石，莹润可爱，似玉非玉，聊胜于玉，唯此石最可当之。

水晶石山

2002年年初，江南正是乍暖还寒的初春时节，不时飘洒而下的阵阵春雨，竟比北方的秋雨还要阴凉，朦胧的烟霭雨雾中，笔者亲率一支技艺精湛的摄影小组，穿梭往来于古城苏州古典园林的假山亭廊间，拍摄园中厅堂几案间的古代赏石，是为笔者和友人筹备多年、业已开始运作出版的一本石谱，做先期的图片收集工作，大江南北园林古迹中案几石的留存，唯以苏州居多，为公家藏石之冠，皆旧时园主所遗，配有精美的苏式台座，若欲出版古石石谱，苏州的古代遗石，不可疏漏。所以江南之行的首选之地，即为苏州，由天津至苏州没有直飞的飞机可达，先要假道上海，刚好上海也有几块古石可拍，抵沪后即张灯开工，拍片间暇，上海的石友，陪伴我遛上海豫园的古玩市场，朋友热情周到，转了几条街后，安排我等一行登茶楼，品啜江南的绿茶，他不辞辛苦，先去古玩城打探一番，看看有没有古石，如有，回来告诉我，再带我直奔该处，免得劳累，多走冤枉路，又可省下很多时间。一杯清茶刚品出几许幽香，朋友已登梯上楼，言告前面的店铺有一只老水晶石山，带老座，我一听，瞬时来了精神。我的藏石中还没有水晶石这个品种，水晶的雕刻物很多，水晶的自然形石山，却十分罕见，不容耽搁，马上下楼，街行几十米，来到古玩城一楼的一个小亭子间，店老板是个三十多岁的妇女，简易的货架上，赫然摆放着这只水晶石山，比拳石稍大，不可

水晶石山　柏木方形座　张传伦藏

盈握，晶发两色，多半为暗绿色，余为半透明的黄白色，为水晶原石，未加人工雕琢，石座十分精美，以老红木雕成树桩，最妙的是落槽，石山稳妥地落在树桩的瘿结上，不见落槽的斧凿痕迹，这正是苏作良匠的高明所在，水晶石山不大，却不显纤弱，见得几分高古沉雄之势。水晶古称水玉，又称水精，《山海经·南山经》载："又东三百里，曰堂庭之山……多水玉。"其莹如水，其坚如玉。古代视为贞洁之物，借以明志。

故宫博物院体顺堂东围房院中，有一水晶单柱体石山，为防风雨剥蚀，罩以玻璃罩，下承汉白玉雕须弥座，石高七十厘米，外形无大奇，独以水晶石质莹澈而胜出。矗石之处，为清宫嫔妃居所，盖取水晶纯洁无瑕之意。清宫御院，奇石林立，水晶石山，只此一例。这只小水晶石山与故宫博物院所藏水晶石山，系同一种性，稍加审视，我已十分属意，心下思忖，江南一行，庆幸有此意外收获，问价后，女店主开价四千，我还价两千，后涨至两千四，女店主让至一口价："两千六不能少。"我正要付钱，上海的朋友捅了我一把，附耳低语："用不着花这么多钱，先上楼转一圈，下来再买。"没容我细想，便被拥上了二楼，这短暂离去的几分钟内，我有预感，再回来恐已被人买走，我根本没心思看其他的东西，匆匆下楼，再问水晶石山子，真是怕什么来什么，已被人买走，女店主还不忘奚落几句："这么好的东西，你还要捽一下，让别人买去了吧？"此刻，我的心比室外料峭的春寒还要冷，我玩古董二十年来，不知买到过多少东西，如此失手还是第一次，沮丧极了，依我的个性会当即买下来，东西开门老，没有一点疑问，根本用不着犹豫，价钱也便宜。我在琢磨反思这件事时，起初归结为两个原因所致，一是当时身上没带现钱，未能马上掏出来。二是朋友的劝阻，起了作用，所谓：一言兴邦，一言丧邦。后来冷静下来一想，还是失误在我的侥幸心理上，觉得几分钟后下来再买，还能便宜点，一念之差，铸成大错。但我不甘心，再经一道手买回也无所谓，顶多多花点钱，于是打听是让什么人买走了，好在旁边古玩铺中的老板知道是谁：“苏州十全街，开古玩店的老板某某某。”并告诉了我这位买主的电话，我拨通手机后，听出了是我认识的一位古玩同好，两年前我曾在他的店中买过东西，我很清楚这个人的东西可不便宜，水晶石山到了他的手里，再买过来的价钱，恐怕折一两个跟头，未必买成，我在电话中说，“过两天去你苏州店中看看这只水晶山子。”上海的事办妥后，即驱车直奔苏州，一个半小时后，车已停在了十全街他的古玩店门前，先说明主要的来意是拍古石的片子，出书要用。我环顾四壁，见那只被我漏掉的水晶石山，已摆放在了红木多宝格中，我问他要卖多少钱，他说：“恐怕你买不成，你知道我多少钱买的，说出价来，你心里不平衡。”一听此话，我知道价钱小不了，果然不出我之所料：“我买东西，不管你多少钱买的，你也不必不好意思，尽管开价。”“我还不大想卖，想先上网。”“卖给我再上网也不迟。”“你要愿意要，就一万吧。”我回道：“贵点，能不能少？”我出至八千元，他还是摇头不允，他看准了我势在必得的心气，我要是非买，少一万肯定不行，我只好迂回了一下，买了他两件别的东西，这件小石山，也就拉到了八千元，其实背着抱着一样沉，只是心里多少平衡一点。同行的摄影师真是长了见识，事后直为我叫冤：“两千多你不买，非要八千买。”我的爱人作为随行人员，清楚此事的始末，也不免说了句：“这事可不像你干的。”不管怎么说吧，现在水晶石山已归我所有，巧取未成，只好豪夺，否则一年之始，初鬻石山，便搛手失利，恐以后的机缘不畅、石运不顺，再说此石八千元买下，也不算贵，多年来，带老座的水晶石山，还是第一次碰见，填补了一项藏石的空白。收藏之得失，寸心言不尽。令我意想不到的是，没过多久，这只水晶石山还真给我带来了好运，怀袖小石，引来了案几竖峰，那是一只有着淡雅紫色，高近两尺的水晶石山，一月后，得自沽上古玩店铺，记得是一个

水晶石山　红木雕树瘿随形座　张传伦藏

星期四的上午，我遛完海河古玩城，余兴未尽，又踱到了沈阳道古物一条街，在一铁皮古董屋中，见一石山，初观以为崂山海底玉，又觉颜色不像，便问店主：“这是什么石？”店主答曰：“水晶石。”闻听后，我心下一震，嘱其取下，细细观赏，无疑是一块水晶古石，配有柏木方形台座，做工古拙，木质经年苍朽，座面有残缺，底座的最外一层木面，已朽烂如齑粉，由此可推知，至少为明代旧物，水晶为宝玉石类，光润，难上包浆，然此水晶的包浆，显而易见，非五百年的时光磨蚀，不能得之，水晶的石褶浑如斧劈刀裂，石山妙借此性，自石褶处，顺纹自下半部分开，若不经上手，定会以为是一整体，当年的玩家，尽识石性，不知用何力又不伤石体，而能将此水晶石分为两部，如齿牙之啮合，浑为一体，此等奇异，为水晶石所独有。店主索价两万，我给至八千，不拟再加，我坚信短时间内，无人能出这个价，卖不卖在他，我瞅准了他的心思，八千元的买价，早已心中满意，不过是想锦上添花，能多要一点是一点。我径直走了，一会儿有朋友告诉我："你刚走到新华路口，他就喊你，想卖给你。"这下我知道了该怎么办，唯有这样，此事可成，还能省下一千元，我便托一位朋友帮我代买，出价七千元，这位石主怕我不再要，七千元也有赚，便间接地卖给了我。

水晶石山的俏购，得益于我的判断准确。一、七八千他可卖，有钱赚，搞清了他的底价。二、天津本地的古董商人、玩家不懂水晶石山，或是不爱，他们只看重灵璧、英石。三、当时为淡季，外埠的古董商短时间内不会来，我不必太担心会被别人买去，这当然要具备一点冒险精神。所幸的是我的石缘还好，得石后，我曾问天津的古玩行中人，"这么好的水晶石山，价钱又这么便宜，为什么不买？"回答是："买了不知卖给谁？不比灵璧、英石能卖。"这使我不禁想起古玩行中的一句老话："卖家不如藏家。"古玩的收藏、买卖，勿先想要卖给谁，只图赢利，先要让自己喜欢，能感动自己，才能感动他人，看得准，压得住，占得先机，无往而不利。

带黄花梨原配托座的英石

在苏州十全街的那家古玩店里，经过一番讨价还价的周折后，买下了那只老红木台座的小水晶石山，贵则贵矣，笔者还是十分喜欢的，古玩一道，不冤不乐，甚至觉得是此次江南之行的意外收获，尚未来得及细细欣赏小水晶石山的玉洁冰莹，笔者与摄影师立即进入了拍片程序，这家古玩店很有几只古石，店老板年纪不大，却是古玩行中买卖古石的行家，曾经手过几只高价位的古石，他店中奇石的镇店之宝，据他本人讲，是刚刚购自一苏州望族的清代英石，正供置在店堂二楼的红木写字台上，引领我上得楼来，脚跟没立稳，隔着七八米的距离，笔者已感觉到此只英石非同寻常，气势夺人，通体为淡雅的灰色，峰峦皴褶间，有白色石筋笼络上下，因石藏江南多年，潮湿多雨的缘故，石体包浆内润，粗观若无，但使方家以软布稍加揩拭，则浆口立现，石形非竖峰，亦非横山，而是一座介于二者之间，几近方形的层峦叠嶂，高、宽均为一尺左右，令此石身价倍增的是承托石身的黄花梨托座，十分珍贵，可入奇石极品之列。奇石有原配黄花梨托座者，实属罕见，故为海内外藏家推崇备至，笔者清赏良久，竟忘记了拍片事宜，询问石的卖价，店主开出一万五千美元，果然是古玩大店，价格不菲，所谓店大欺客，此言不虚，看店主的情形，没有多大的让价余地，我也没有出价，留出回旋的余地，只是说："这次出来拍片，没带多少钱，过几天再来再说。"接

英石 黄花梨木托座 苏州私家藏

着提出为该石拍一张反转片，留作出书之用，店主当即婉拒，理由是，拍了片子石头就不好卖了，因为他的买主不喜欢事先被人拍了照片，我解释道："照片起码要一年以后才用，在此之前，石头你肯定已经出手了，对你的生意没有影响，要不干脆就说，片子不是在你这儿拍的，随便搪塞过去，不就得了。"店主听我说得也有些道理，再说我也买了他不少东西，最后同意了。摄影师又是一通忙乎，支灯架、调焦距，为了那最终的"咔嚓"一声，又用去了半个多小时的时间。这只奇石虽然没有买成，它的形象已长久地留在了我们的石谱中。

回津后，中国图片社冲洗的片子，质量上佳，清晰而不失真，石山的云窝脉络一览无余，津门的一位石友见了后，立即为此石的神韵所倾倒，一定要约我同去苏州观石，若能划下价钱，朋友想和我合伙买下，我也喜欢这只石头，也就点头应允了。朋友买了翌日的打折机票，行程路线还是由天津飞上海，一下飞机，马不停蹄，打的去苏州，一个小时后，已在古玩店里喝茶赏石了，来时，我俩商量好，买石的封顶价位，为一万美元，过则放弃。长话短说，店主看出了我们专为此石而来，不但没有降价，反而涨至十五万人民币，望着卖主奇货可居的得意样子，本想抬腿就走，后又觉得不必意气用事，东西是人家的，人家要卖什么价是人家的自由，我们规规矩矩出价美元一万，当然是没有买成，可是我俩并不懊丧，这个价钱已经十分到位了，他再想多卖，这样的买主很难找到，古石买卖的价格，超过一万美元，以今日市场行情观之，乏人问津，圈子很小，古玩行中，见了高价不卖，最后卖了倒牌，降价以售的事情，屡见不鲜。香港古玩店"永宝斋"经理翟健民先生亲身经历的一件事，足令天下玩古者戒。兹不妨录其始末，以警世人："1985年尾，翟健民和两位朋友合作买了一件瓷器，买价一百五十万港币，分三个股份持有。买进当天，就有买家愿出价二百一十五万港元，翟健民个人非常非常满意，但两个合伙人认为，价钱应该不仅如此，可以再等，卖更高价。鉴于两位合伙人‘贪’的原因，咬死不放。可惜古董行内圈子窄，两天后，消息已传开，翟健民再有个日本客想买，但货已不是‘头盘’了，对方只能出价一百六十万港元，算算我们只赚十万港元，两位合伙人更不肯卖。虽然翟健民反对，赞成要卖，可惜一比二的情况下，做不了主。最后，两位合伙人一定要送拍卖行，翟在无选择之下1986年6月送伦敦苏富比拍卖，但目录价值只有八万英镑。不过，令人遗憾的是，这件瓷器没能拍出，这下，三人急了，怎么办，要卖给谁呢？此时，有个香港行家出现，他说，可协助处理并推荐给收藏家，但只能卖六十万港元。此时已没有选择，一定得卖。本来，价钱已讲好，后来，这位行家又说，买家不要了，经过几回讨价还价，最后以四十万港元卖了。这件瓷器从1985年秋季买进，到1986年夏天卖掉，我们错失了第一时间卖出的机会，这都因

英石 王己千藏

为股东贪心，好高骛远，害大家白白损失了一百多万港元。这件事，让我有深刻体会，如果有人告诉我，明天给我当皇帝，但那是明天的事，我还是珍惜把握今天有口水喝的日子，明天是明天的事。”

合伙买古玩，在古玩行中也是一种常见的做法，显而易见的弊端是：意见很难达成一致，心不齐，压不住货，如果多收藏一段时日，说不定也会遇到好的买主，起码不至于赔钱吧！

英石 红木随形座

半山人家藏宋石

香港地方不大，我是坐车转了几天后发现的。上行下行左转右转，去了市区好几个地方，隔着车窗，不经意间一瞥，中银大厦总是撞入眼帘，它突兀得分外冷峻，如剑指南天，不理会四周林立的高楼大厦，毫不客气的样子，不怕打破往存已久的氤氲，独拔的气势，是否煞风景？更是一点不在乎，在乎的是风水是否大吉大利，生怕资本主义的香港抢了它的风头。与之毗邻的李嘉诚长江总部，楼高超中银，却不及中银抢眼，自信心似乎不足，太拿风水当回事了。

要说风水，是中银大厦所在地香港的风水好。第一等大事的吃，不消说了，那是活猪肥牛、鲜蔬嫩果，海鲜能蹦起来，都是从内地运去的，颇能体现祖国人民对香港同胞的关怀。多年下来，此间好古之士，其中有收藏家、古玩商人一拨拨地去内地淘宝，举凡字画古玩，分门别类地逐个买漏，买价低廉得要命，现在想起来，买者舒心，卖者伤心。迨至于今，已无漏可捡，还不放过，将属于原野文物的各种石刻，变作自家庭院文化的云林风物。

香港收藏家陈永杰先生坐落在半山上的公馆，安卧庭院檐下的那一只宋代芙蓉石盆，荷花形口沿，半舒半卷，不见一刀细节的刻画，似被一双巨手随意捏成，妙在看不出石头的坚硬。宋就是宋，到底不一样，明清年代的石刻还在那里穷雕细刻什么海水江涯、明暗八仙，全然不懂好多年前的宋朝早已删繁就简。陈

英石 高邦仁藏

英石 高邦仁藏

先生好雅兴，芙蓉石盆权当荷花缸，半缸清水养着盆荷，嫩绿的荷叶刚好半舒半卷，听陈先生介绍说这石盆也是朋友半卖半送的投情方物，只是花了些运输费用。

陈先生缘分这么好，不是说没多花钱便好，而是不知有多少人肯靡费巨资，也买不来这样的石盆，我一眼看明了这石盆是古人植立怪石奇峰的芙蓉石盆。苏东坡的名石“雪浪石”，大可养在这般芙蓉盆中，东坡唤作“玉井芙蓉丈八盆”，丈八是艺术夸张，有类“白发三千丈”。世间哪有那么大的石盆？陈永杰收藏的这只已然够大，不负丈八之谓。苏东坡一生爱石，最钟情“雪浪石”，“雪浪石”的奇美，东坡评之以三字石铭：“岂多言”。大美不言，坡翁面此石，差一点儿便要直白世人：少废话！

岂多言，当是诗人逸情云上之快语，不必全当真。东坡怎会忘记写诗一赞雪浪石，也不曾辜负养石的芙蓉盆，你看，东坡的诗情豪兴来了：“异哉驳石雪浪翻，石中岂有此理存。玉井芙蓉丈八盆，伏流飞空漱其根。”

陈先生有哪一天倾尽盆中水，移去芙蓉花，“挥手揽青苍”，植下奇峰，标立檐际，也不难，难的是此峰要尽天划神镂之巧才妙，是宋代遗石更妙。陈先生石缘至大，在他那座依山势迤逦而建的公馆中，藏有一方灵璧案几古石，带米芾款。在院内芙蓉石盆右侧台阶下，又见一条丈余长石槽，陈先生说是盛草料喂马用的马槽，刻工是长长的一大溜儿叫不出名的好看花纹，马槽装饰成这样，当是老年间富户的马厩用具。说起马槽来，能沾得马槽大光、由此得一重宝的是刘铭传，此事之大奇，可入《古今谭概》。刘铭传乃百年前清末李鸿章麾下淮军之名将，铭字营统帅，后任台湾首任巡抚。此人一生命数，似乎冥冥之中上天有安排，年轻时贩私盐，黑道生涯遭逢洪杨之变，铭传啸聚众人，欲投太平天国，祭旗时大不太平，旗杆被风折断，大凶之兆，铭传转投清军，只此一转念，运势命数从此大好，果以军功而至封疆大吏。

刘铭传率铭字营征战间，宿太平天国护王府，夜喂军马，马啮草触石槽，其声大异平时，马夫警觉，检视马槽，启得一绿锈斑斓的大铜盘，马夫上交铭传，后经幕僚文士鉴定为西周青铜重器虢季子白盘，铭传大喜，晚年归隐林泉，建大潜山房，特为此盘筑盘亭，夸耀士大夫间，实因此盘宝贵程度，远超当朝看他不起、讥其少文的一班文臣阁僚之所藏。

此事仍不足为我所羡，刘铭传运道中有此一得而已，何必夸能！我则倾心折服他晚年不甘有人笑其不通文墨、不会写字。于是知耻后勇，发愤临帖练字，不数载后，书法竟然超过了不少翰林韵士的笔墨。弄得好多舞文弄墨的文人有点搞不懂。刘铭传筑亭宝之的虢季子白盘上，赫然铸有一百一十一个铭文，焕发苍古神韵的此一大篇钟鼎文，首句便大佳："佳十又二年"，头一个便是佳字，好一个碰头彩！刘铭传朝夕揣摩，于古文字源头处，会意良深，取其深穆高古，名将秉笔临文，体势豪纵，如武库矛戟，雄剑森森，刻入缣楮，故而笔笔大佳。

我与陈先生相识在2012年5月下旬何孟澈先生在香港宴请我的席面上，更加荣幸的是董桥老师和师母带我去的。永杰一人来晚了，坐下寒暄了几句，顺手从提包中拿出一件紫檀雕山水人物托盘，乾隆年间刻成，当时做茶盘之用，如今谁也不舍得让它沾上点滴茶水，恐怕伤了皮壳。都用来做盛文物的都承盘了，摆在画案上倒也不显唐突，大可以归为文房清供一类的雅物。上午在文物展销会上买的，深刻细雕的乾隆工，品相好，包浆厚。

接着亮出第二件，一只剔红诗文小笔筒，或是董桥书中所指的钗筒，我也曾当面问过先生，何谓钗筒？一番讨教后，算是至少明白了钗筒比笔筒小，似是古时女子收存发钗发簪的小筒，"比笔筒诗筒香艳多了"。陈永杰这件够迷你，比戴立克藏竹林七贤竹筒的口径还要小，不足四厘米，高则仿佛，剔花精美，如此

英石 高邦仁藏

灵璧石（三面成景） 张传伦藏

灵璧石（三面成景） 张传伦藏

细巧的筒身，还不忘让出开光刻字，也好给诗文留下一席文心的芳址！

新晋的宝贝，价钱也还合理，陈永杰一高兴，聊天中露出买价，董桥是收藏古代剔红的大玩家，识见早、下手早，几十年前就买日本人旧藏的明代剔红漆盒，清代的做工再花俏媚人，也难入先生法眼。先生摩挲细赏了陈永杰这件小剔红，意下喜欢，说在陈先生买价上加润一倍也动心，这一句是意译，不是先生的原话，朋友的买价不能随便泄密，动心是真的动心，泥古之士见到陈年的绝色，能不动心！件件动心，不可件件动款，“玩文玩毕竟只是品位的消遣，一旦燃起投资的野心，清淡的沉醉一下子会变成混浊的压力”。留下醉红的悬念，扣人心弦也怡情！剔红的红色，该叫什么红？先生和他的朋友小李有过研究，好像中文英文都说不准确，“不是樱桃不是苹果不是西红柿的红，又像红枣又像红杏又像过年写春联的红纸，其实都不像”。董桥玩古最深雅，情愿借个词牌唤她醉红妆。真古典！令人蒙眬中隐隐约约一窥古之仕女轻轻拔下发钗发簪插进钗筒的一瞬，先生言之妙极：“那是宋词的风姿。”闲来不妨多看看，养眼又养心。

漆器年代久远，色阶会发生变化，二十多年前在已故版画大家王麦杆先生美院宿舍邂逅了一件清代剔红大器，迄今为止，是我亲眼所见最大、最壮观惊人的剔红巨构，一张罗汉床，漆红色淡，可惜的是有面积不小的一块块脱漆，露出木胎，虽叹残缺，难掩堂皇的贵气，曦光下，恍漾夺目。若非故宫御榻，定是王府烟床。几年后被天津一位李姓古玩商买走，请了特艺厂的雕漆老师傅修复，补漆阴干，摹刻做旧，用工近三年修好后，请我去看，临门一瞥，不禁大惊，叹为神工！若不细观，确然看不出哪里动过手，颜色比以往一体深秀了许多。我只有一点疑惑，阴干工艺，可能借助了现代的烘干手段，否则两年多的时间，新漆的干湿软硬程度未必适宜奏刀剔红。

剔红罗汉床，李姓古玩商不曾一夜高枕其上，悬榻十年不待徐孺之卧。一心要等的是新贵大款厚币来买，终于有人出价二百二十万人民币，若成交，我知其获利不下二百万，买主倾囊的关口，行里人一句话："不是乾隆的"，生意告吹。买主庆幸差一点儿就拿买乾隆的钱买了光绪。没过几年，逢同行便言悔："当时买了，也能赚他二百万。"

陈永杰跟董桥说："饭后，一起去看看我的收藏。"先生颔首称善，后面上的两道菜，大家匆匆吃了两口，起身乘车上山不到十分钟的路程，车已停在了半山陈公馆的院内。

前文倒叙了陈公馆院内的那一只芙蓉盆，兼及石槽，已令我神迷，缘于我耽情石艺，醉心北宋的艺术。登堂观赏公馆内的收藏，细味极品，还是先生的大作《清白家风》一书中的点评最为精练老到，写陈永杰的"顶级藏品其实都在日本京都找到的。日本人怪僻，精品不让生人看，陈永杰一掷港币百万买下一支宋代毛笔，古老的京都如梦初醒，从此交了这个远客"。后两句，先生椽笔轻轻一挥，拨云见日，全文登时亮堂极了风雅极了，透过这寥寥的十七字，人们分明看到了一位自晚近以来最具风华才情、玄鉴精微的一代散文宗师、文博鉴藏大家，在浩繁的编务之余，锲志长物，偷闲鉴古、藏古、传古、证古、证文、证史之际的潇闲意态，那是久违了的老民国的大家范儿！任是谁也学不会仿不像的是先生每以平常话语言人言物一造自家之境，正世人心所欲出，不能达者，悉为达之。"陈家的珍藏，真的只看七八件已然惊艳：装在日本老木匣包在日本老花布里头，稀世的漆器、稀世的如意、稀世的沉香笔筒全是博物馆级的绝色，我一看动心的是项子京藏过的乐石古砚，砚匣上刻高凤翰题跋。"藏古传古之雅趣，历来是太平年代方可尽享的一份奢华。干戈日月，富养穷玩的藏家一起黯然灰头都倒霉，项子京的家藏，明朝皇帝都欣赏，江南国破，一个小小千夫长就把项家累藏珍宝抢掠精光。高凤翰晚年穷窘不堪，千余方藏砚大多星散，身为大画家的他，

岫岩玉

叶蜡石

竟至裱不起自家丹青，只好玩玩“蓑衣裱”。清初湖上笠翁李渔更是“穷人美”的穷玩家，一生播迁流离，不一其处，债而食，赁而居，所著《闲情偶寄》一书中创哥窑碎瓮补窗之技，侈言可赏冰纹之美，笠翁还曾设计一暖椅，以御江南冬日湿寒，其式奇则奇矣，亦不免微露穷蹇寒酸相。

比李笠翁稍小些年纪的袁随园是富贵闲人，壮年隐山林，叠构随园，富埒王侯，且多藏古，却不以藏家自矜，一如其法书寸缣尺素，人争宝之，一点一画，一味率真，而自谓不知书。又坊间所传，阮文达公藏石甚夥，常见署款阮元的大理石屏，鲜有人知阮元石缘远不及袁枚。《袁枚全集》之八《随园轶事》载：“滇南大理石，园中所蓄甚多，亦先生癖也。其佳者，有天然山水、树木、人物等状，极贵重，若尺寸较大者，则更难得，园中凡几榻、桌椅，镶嵌几遍。有最大石几三方，皆长及丈，而阔半之，客来一见，无不诧为至宝，摩挲而不忍去，后唯阮文达公家多此石，然不及先生所有之佳。阮家先毁于火，而先生家物，发匪后亦荡焉无存。”随园的福养，尚未传及二代，累遭兵燹，苍岩秀骨，劫灰之余，虽有未尽磨灭者，然世人三百年间，亦未曾得见一事袁枚款大理石屏。

香港几代收藏家，际世良辰，赶上了好时候，东洋西洋随意觅宝，陈永杰玩古才玩得如此考究，我最中意他从日本背回的那一块前文述及的灵璧石，专辟日式雅室供养千年前流落人间的补天灵石，米芾黄道周老早就中意，宋明两高贤托石寄情，一慰林泉高致，遂于石上刻铭志款，连城双璧，蔼然若现迷离的古意，孤山吐气，石色苍苍，以手扪之，比半山的岚岫还苍润。

古奇石收藏的历史文化意义
——漫话中国历代奇石收藏

石在哪里？石在天之涯，石在海之角，在昆仑之巅，在九嶷之涧。在北国的深谷幽壑，在江南的花径竹篁。石在哪里？在女娲之手，是补天的祥云，在精卫之口，是填海的怨魂。石在哪里？在轩辕黄帝的元圃，在未央汉宫的池畔。在东京艮岳山，石是徽宗亲赐金带的“盘固侯”；在北京颐和园，石是乾隆御题刻铭的“青芝岫”。石在哪里？石在旷古逸人的草庐，石在无双国士的画室。与太阳共舞，石是炽热的熔岩，与明月相伴，石是清泠的云根。石是山之脊，石是水之床，石是万金之母，大地之基！石——你是亿万斯年构成地球的主要物质，而石之中具清、拙、古、怪之意，皱、透、漏、瘦之形者，又被人们视为奇石。

既奇且古，当是年份最老的古物。若有兴追溯石文化的起源，让我们濯浪飞舟在石文化发展的历史长河，溯本正源，驶入远古石器时代，此之先民常取嶙峋刻峭之石，以为石铲，砍削方正圆硕之石，制成石釜……此等初具形制的石器，是在那荒蛮的年代，恶劣的生存环境中赖以生存的生活工具，先民们虽初识石性，却不谙石趣。中国石文化——赏石艺术滥觞于古代叠石为山、凿池为水的园苑建筑，黄帝时代建成了中国第一座与自然景观相融合的“元圃”。到了大一统的秦代，造园史方掀开了它宏伟的篇章。渭水之滨的“阿房宫，三百里”，是始皇嬴政的御园，后被项羽焚毁，大火竟三月不熄，足见其规模之宏大。汉朝既立，宣告了秦末战乱年代的结束。武帝时，王朝进入了空前鼎盛的年代，社会稳定，经济繁荣。“京师之钱累巨万，贯朽而不可校，太仓之粟陈陈相因，充溢露积于外，至腐败不可食。”物质生活的丰盈、富足，汉人有了追求高品位生活的雅趣，崇尚自然，王室、贵族率先利用自然景物构石为山，筑建林苑、私园，未央宫的“池十三，山六”是为采自然石装点园林的最早明细记载。上行下效，广选自然石美化庭院、家园已蔚然成风。斯时，奇石还仅是园林中叠构假山的原材，尚不具独立欣赏对象的地位。

真正意义上的赏石艺术——石文化的肇立，毫无疑问当是在那曾经产生过最早、最多的艺术理论、流派的魏晋南北朝时代。写出“采菊东篱下，悠然见南山”这一千古名句的陶渊明，性酣酒醉，仰卧在宅院菊丛中的大石之上，恰是这块“曾送渊明入梦乡”的石头，有幸获得中国第一块冠名石的殊荣，喻之曰“醒石”。这一时代的士大夫、文人名士因无奈于统治集团的暴虐——曹魏之霸道、司马之淫威，多以寄情于山水之间，纵酒谈玄，手执拂尘，目送飞鸿的遁世

英石 高邦仁藏

之举，来消遣人生，只有永恒的艺术与江南钟灵毓秀的山川形色，抚慰着他们孤傲、清高的心灵。于斋室轩堂之中，啸傲长吟，无所托藉之时，自然状态下的江南奇石（如太湖石等），方始登堂入室，引为案头、榻边寄情咏志的观赏雅物。关门即深山，在此中去探幽发微，于是，《典论·论文》《文赋》《叙画论》《古画品论》《六法论》《文心雕龙》《昭明文选》《水经注》……纷纷腾骧而出，芳泽百世而不衰。

唐初画家阎立本《职贡图》中的人物手托、肩扛的峰石、盆景，清瘦嶙峋，嵯峨罗列，已十分有形了。奇石已为唐人厅堂装饰无可替代的艺术品。最早收藏世传有名的“罗浮山石”“海门山石”的唐初人李勉，是唐代奇石收藏的第一人。

唐代奇石鉴赏风气大盛，以官僚士大夫、诗人为主导的收藏大家都有独具的奇石理论、观念，奠定了奇石鉴赏的基础。咏石之诗文常独出机杼，借石喻理明志。唐人对太湖石、罗浮石、天竺石的艺术研究，可与同期山水诗的成就比肩齐声。熟谙石理，透悟石性，视石如宾客、贤哲、宝玉、儿孙，爱石之切，上升到了人格的高度。

诗人白居易也是赏石名家，且有宝藏，他曾总结出爱石十德：

养性延容颜，助眼除睡眠。

澄心无秽恶，草木知春秋。

不远有眺望，不行入洞窟。

不寻见海埔，迎夏有纳凉。

延年无朽损，升之无恶业。

清人蒲松龄名著《聊斋志异·石清虚》篇中描写的石清虚，是一只可预知晴雨的奇异灵石，读来令人惊羡不已。殊不知白氏早于蒲氏八百年就已觅得一只有此特异的太湖石，并兴致勃勃地赋诗赞曰：

形质冠古今，气色通晴阴。

未秋已瑟瑟，欲雨先沉沉。

比之石清虚，更有佳妙之处的是，此石雄奇高峻，“才高八九尺，势若千万寻”。

唐代懂石，最会玩石，藏石恐也最多、最奇的竟是名相牛僧孺、李德裕。二人政治立场大相径庭，常年党争不休，于玩石上却可称一对石痴。牛、李玩石都有自己独特的玩法。

牛僧孺以“与石为伍”为乐，“每得到一只佳石就按大小分成甲、乙、丙、丁四等品之，每一品又分上中下等，然后在石头的背面刻上“牛氏石甲之上、丙之中、乙之下”。其治家无珍产，唯东城置一第，南郭营一墅，是形质奇异万千的石之世界。

李德裕玩石别样有趣，凡得到一只奇石，便刻上“有道”二字。他的最爱是一块“醉即踞卧其上，一时即清爽”的具醒酒功能的“醒酒石”。李德裕晚年获

戈壁石

广西石

罪被贬至“惊飘瘴雾，夜半凄风似鬼魈”的海南岛，失去了权势，告别了一生钟爱的奇石，当年的卫国公，“长亭饮泣”，万念俱灰。谪居海南的历史名人，最著名的有两位，李德裕是一位，另一位便是鼎鼎大名的苏轼，两人都有爱石之雅好，且同遭蹭蹬，东坡先生却以云水般豁达的胸襟，慨然承受，仍是“策杖东邻尽薄醪”，这高风依旧、袖拂云飘的洒脱，才是千秋名士的风采。

李德裕穷平生之力营建的以奇石佳木闻名于世的平泉山庄，也被丹阳王守节所得，在整修时曾挖出上千只雅石，只只都令人惊奇不已。这只只雅石之上，都曾印记着文饶先生的手泽，寄寓着他的逸情、豪兴。

王守节之后，千载后的今天，这许多石，它们云峰挺立在哪里？虬龙偃卧于何方？

兴衰无常，赏石有道。唐代的赏石艺术，既发展了前代的石艺，又有新的创意，以至于后世玩石，概不能出唐人玩石的模式，唐代不唯是赏石艺术的第一个高潮期，最重要的是它集萃了大唐其他辉煌文化艺术的精华，滋润、培养了中国石文化的根基。

唐之后，奇石收藏界加盟了一位帝王，人们大都认定是宋徽宗——赵佶。其实不然，中国第一位帝王藏石家的桂冠，当属南唐李煜，就是那个被宋太祖软禁之时，还可吟出“问君能有几多愁，恰似一江春水向东流”的李后主。曾贵为君主，李煜的凤阁龙楼，不知蓄藏了多少奇珍异宝。其中能称文玩至宝，广为人知的是两只铭为“海岳庵砚山”与“宝晋斋砚山”的奇石砚山。“海岳庵砚山”仅尺余长，却嵯峨耸立着三十六峰。“宝晋斋砚山”，“砚中有黄石如弹丸，水常满，终日用之不耗”。米芾特为之作大字行书三言十句《砚山铭》：“五色水，浮昆仑，潭在顶，出黑云，挂龙怪，烁电痕，下震霆，泽厚坤，极变化，阖道门。宝晋山前轩书。”明朝李日华曾鉴识《砚山图》，在其《味水轩日记》中记研山几多石目，惜未备载详全，所言概貌，已令人心神向往，“又《砚山图》，用黛笔描成，有天池、翠峦、玉笋、方坛、月岩、上洞、下洞等目”。

“海岳庵砚山”的际遇之奇，更为百世所罕见。迭经南唐五代、宋、元、明、清，均传承有序……后归于清初名士朱彝尊的书斋，竟然毫峰无遗。《香祖笔记》有首七绝感念此事：

南唐宝石劫灰余，能与幽人伴著书。

青峭数峰无恙在，不须泪滴玉蟾蜍。

当我们站在历史的高度，就不难发现，能在奇石艺术发展的历史长河中推波助澜的，不是名臣，便是高士。皆因赏石者，若没有丰厚的文化底蕴、高深的艺术修养，终不得深入其堂奥。宋徽宗是立于艺术峰巅之上的皇帝，书法、绘画、古琴……造诣极高，堪称大师级的艺术家。依他的个性、素养，本不宜做皇帝，却做了皇帝，这便不独是他个人的不幸了。徽宗玩石，是以九五之尊，倾国之力来运作的，痴迷的程度，近乎走火入魔。他在东京汴梁（今河南开封）建造了一座方圆十几里的大假山，名曰“万寿艮岳山”。叠山的石头大都采用生于太湖水底，久经波涛冲刷而多成空洞、呈千姿百态的太湖石和产于安徽灵璧浮磐山上嶙峋险怪的灵璧石。宋人张淏《艮岳记》记载了筑建万寿山的详情：“上颇留意苑囿，政和间，遂即其地，大兴工役筑山，号寿山艮岳，命宦者梁师成专董其事。时有朱勔者，取浙中珍异花木竹石以进，号曰‘花石纲’，专置应奉局于平江，所费动以亿万计，调民搜岩剔薮，幽隐不置，百计以出之，名曰‘神运’，舟楫相继，日夜不绝，广济四指挥，尽以充挽士犹不给。”十船为一纲，载来的神运花石“雄奇峭峙，巧夺天造，石皆激怒抵触，若踴若啮，牙角口鼻，首尾爪距，千态万状，弹其尽怪……”

徽宗又在这些奇石中选出六十五石，依其形、质，亲躬御题，逐一封爵刻

英石

铭。其中一块高五丈的太湖石，盘坳雄秀，徽宗喜极，亲封“盘固侯”，赐金带，其余亦一一题名，并依形绘图，定名为“宣和六十五石”。徽宗倾尽国力，大张石艺，耽好“石皆激怒”，不顾人皆激怒，民不堪重负，引发了“花石纲”起义……外患也迫近了汴京。就在艮岳历经六年方始建成不久，金兵攻下北宋的国都汴京，城破后，艮岳上的部分太湖石也被金人车辇运至北京……这是徽宗玩石无度的负面结果，但若将北宋国亡，归咎于玩石所致，实欠公允。赵佶以帝王之尊，深厚的艺术素养，倡导石艺，丰富、发展了中国石文化。北宋人杜绾编撰出中国第一部论石专著《云林石谱》，书中列举了各地名石达一百一十六种，备尽其详，为后世广为沿用。北宋确是石文化的黄金时代，徽宗于此功不可没。

现今散布在大江南北的古奇石，大都是徽宗所遗的宣和石，皆为石之精英。

崂山绿石

如现存苏州留园的冠云峰，苏州第十中学（原织造局）内的瑞云峰，杭州花圃的皱云峰，是名闻遐迩的江南三大名石。

现存上海豫园的玉玲珑，可谓石符其名，剔透玲珑之美在于通体遍生洞窍，洞洞相连，窍窍相通。若自石上注水，则洞洞出水；石下焚香，则窍窍生烟。北京中山公园有一名“青莲朵”的太湖石亦是北宋遗石。石呈淡青色，遇雨后有奇诡的色变，现出朵朵白花，恍如夕晖残雪。乾隆下江南时，发现了此石的佳妙处，运回圆明园，后于民国年间，移至今日所在。

古往今来，赏石名家辈出，唯宋代的米芾乃此中之翘楚，玩石名气之大，无人能出其右，论及石事，米癫拜石，是最为脍炙人口的佳话。才情非凡的米元章，除了画他独创的米家云山，刷他的沉着飞翥之米字以外，便终日徜徉在山水之间，徘徊于石斋之中，是可入山之灵穴，窥石之幽窍的方家、巨眼。米芾在涟郡做官，距产灵璧石的宿州灵璧县不远，有此方便，米芾搜寻到的灵璧石“嵌空、玲珑、峰峦、洞穴”毕具，极“尽天划神镂之巧”，皆为灵石极品。那只在安徽巢湖之滨不知默默静卧了多少年的巨石，当地土人，司空见惯，以为凡物。米芾发现了它的奇异，令人运至官署，即刻被其雄奇踞肆的外形所震惊，设席、整冠、下拜，口称“吾欲见兄二十年矣”。拜石为兄，米芾一定是感悟到了此石具有长兄般敦仁宽和的内蕴，方有此举。天下名士，米芾看得起的却没有几个，能令其顶礼膜拜的只有奇石，而特立独行正是古来高士们的专利。

史载米芾癫狂，这是为其表象所蔽。米之癫，乃佯癫，是自我保护的有效手段。因在北宋那个特殊的历史环境下，文人佳士往往动辄得咎，癫，癫得适宜，癫得其所，非但可以避祸，还可得到常人无法得到的好处，不是吗？金殿上，徽宗的御砚，尚濡染着墨汁，就被米芾纳入了袍袖，他的书斋平添了一方宫砚。米芾不是怪异的癫客。他是狂放不羁的旷代高士、卓荦不群的书画大师，而振迅天真、与石相伴、千古无双的石侠，才是米芾的最佳身份。

米氏玩石，最注重石的内涵与气韵，潜心于石艺的精深研究，吸收前人玩石的心得，加入自身画山水的体验，提出以秀为首，“秀、瘦、皱、透”的赏石四要领。可能是此公对奇石的率真、痴诚之情，感动了石头，他的石缘极佳，无人堪比。“海岳庵砚山”曾是米芾书案上的清玩，砚山之得名是其数年后，用此砚山换下了甘露寺下的“海岳庵”。

米芾曾藏一只“三十二芙蓉砚山”，孕三十二灵山异相，然则知者寥寥，除此砚山遍缀石铭之外，检宋元明史籍均无任何文字记载，英华淹世几近八百年，砚山之大奇，应在藏石史上占有极其重要的地位，不得不用浓墨重彩荡笔写来，续之于石谱，光我石笈。

“三十二芙蓉砚山”于光绪廿二年五月（1896），由李宗颢得之于苏州玄妙观冷摊，宗颢字煮石，知其爱石之切，煮石卅载，天缘骤降，米芾“三十二芙蓉砚山”一朝归其石斋所有。宗颢广东南海人，喜治金石目录，年轻时随父宦游雍梁古郡，汉唐故都，石墨尤富，毡蜡之余，辇石以归，嵌家祠壁间，摩挲终日无倦色，著《萧庵读碑记》二卷，以匡正孙星衍、赵之谦《寰宇访碑记》众多舛讹。与缪荃孙研讨古籍善本，多有卓见，以蝇头细楷镌识于《四库简明目录》书眉，丹黄灿然，有《萧庵印存》印谱行世，多自镌与其藏石有关之印章，如愤石斋、琴石山斋、煮石簃、灵璧山馆、三十二芙蓉山馆、米庵、芾山亭、廿三石堂，足证宗颢嗜石之深，“三十二芙蓉砚山”，乃其最爱。

翌年丁酉十一月上浣，李宗颢特为之撰记《宝晋庵砚山》一文，传美石历史亦状其形，文极雅趣，虽出以文言，颇不佶曲，概当全文照录如下：

光绪丙申五月，余自闽海赴燕，纡道入吴，为金焦虎丘之游，偶翔步玄妙观，获见此石置摊货中，土蚀漫漶，迷离眴目，高仅三寸，广不盈尺，而峰峦叠秀，池壑毕具，不假雕琢，殆有百仞一拳，千里一胪之妙，询所值，以千四百钱对，如数与之，喜形于色，携归濯之清泉，剔其泥垢，绘彩奋发，石黝如墨，质坚如金，有乳白细文，击之声汤汤彻远，真灵璧佳品也。其底平如砥，上方有篆铭曰："产泗滨，名灵璧，金其声，玉其质，龙之渊，虎之窟，从吾好，永不失。"末署檇李项元汴题，下方又有"墨林真赏"四分书，及"玉蕴山辉，松雪斋宝"八篆书。峰间亦镌有题字曰□（疑是萝字）峡，曰灵崖，曰莲花峰。峰下悬崖壁立，有池曰峩峩，其池浑然天成，滴水经旬不耗。峩峩之左有峰，锐上分立，若俯若仰，飞瀑测湍，注壑流响，故曰玉涧鸣琴。又左曰嶰谷，其上连山插汉，远望峩峩，灵异秀阻，天台同状，故曰仙都。又左则高峰桀起，频抱群岫，

灵璧石

中有石脉，自巅下垂，皓如霜雪，望同悬瀑，尤为殊观，故又曰瑶光烛汉。其下曰长啸崖，崖侧曰潭上（一字泐）。山之阴复有仁乐、神苑、孤云岫诸名，或分或篆，精妙无匹，虽洞庭涌云，鸥波沁雪不能尚也。谛审灵岩下，又有正书“宝晋斋三十二芙蓉芇”九字，首一字缺。按《明一统志》，宝晋斋在江苏无为州治，宋守米芇建，有晋人法书函壁间，因名云云。则泐去是宝字，乃米海岳宝晋斋故物，转入赵松雪，后乃归于项元汴也。呜呼，米海岳物至于今七百八十有余岁矣，宝晋遗迹，散亡殆尽，独此拳石，历数浩劫而岿然犹存，若有神物占护之者，岂海岳一生精气所感注有不可泯灭耶？抑天怜余爱山成癖，故留奇供以慰寂寞欤？不然，何不先不后，适归于余也。余住姑胥十日，随挟之至京师，作供几

崂山绿石

砚旁，昕夕晤对，千虑尽释，新知故雅，闻声造访，有好事者欲以千金相易，余以生平所得第一神品，不忍弃也。年终，吾乡新宁黄茂才削函约游缅甸，归里省母，濒行，拟载之与俱。叔兄曰，巧偷豪夺，古人所慨，湖口九峰，终之归乌有，涟州之妙，竟攫其最，其留之。乃相与谋于村北连理榕树下，构亭藏之，插槿为墉，编篷为户，缭以土垣，度可二亩，杂树连阴，修竹映翠，荔支龙目，梦衍交加，它日归来，增辟园囿，种桑千株，莳蔬两畦，奉母栖隐，闭门养拙，亦一佳憩也。仿东坡雪浪斋故事，榜曰三十二芙蓉山馆，亭曰芾山，自号曰芾山亭生。伯叔弟弟，携酒来贺，累日嬉娱，握手道别。顾结习未尽，恋嫪弗已，乃伸纸泼墨，辄为图写石之高广，峰之低昂悉肖之。画毕，并椎拓底铭于后，漫记始末，置行匣以自随，俾暇居日开卷怡神，聊以自喜云尔。又按明林仁甫石谱云：泗滨涟水，地接灵璧，蓄石甚富，锡以美名。据此，则石为襄阳守涟水所得，而诸品题亦其笔迹也。

“三十二芙蓉砚山”自光绪廿二年李宗颢宝藏，至20世纪六十年代初，辗转传于香港藏家何曼君，其间五易其主，亦可谓沧桑历尽。曼君之后，渺不可寻。

东坡先生的遗爱，尚存于世的大约只有竹石图、法书和石砚。现藏于镇江金山寺内的东坡“雪浪石”，据考为赝品，且不是第一代赝品，今人已无眼福一睹“雪浪石”的庐山真面目。人们只好从苏东坡为此石写就的诗句、铭文、评言中去欣赏“雪浪石”的风韵朗姿。

“雪浪石”出于古代的中山府（今属河北省），故又名“中山石”，东坡得石于山中，极爱之，即赋《雪浪石》一诗，有句云：

千峰石卷矗牙帐，崩崖凿断开土门。

揭来城下作飞石，一炮惊落天骄魂。

承平百年烽燧冷，此物僵卧枯榆根。

画师争摹雪浪势，天工不见雷斧痕。

“雪浪石”险峻峥嵘的形态，有如石破天惊，摄魂动魄，虽鬼斧神工亦不能办也。

东坡遍请画家为石绘像，又在铭文中用“玉井芙蓉丈八盆，伏流飞雪漱其根”称赞石中旋绕的笼络白脉，并题“雪浪斋”作自己的斋室名。面对朝夕相处的“雪浪石”，东坡深感它的美是无法言喻，无须多说的，遂评之曰“岂多言”。

胸次高旷的苏轼是爱兼天下的仁者。“凡物皆有可观。苟有可观，皆有可乐，非必怪奇伟丽者也。”即便仅是江底的小石子，东坡也能随兴所至从中获得许多妙趣。他在《怪石供》中写道：“齐安小儿浴于江时，有得之者，戏以饼饵易之。既久，约二百九十有八枚，大者兼寸，小者如枣栗菱芡。”他将这些小石子放入一只古铜盆，注水后，石子清新可爱，色彩斑斓，后送给好友佛印，以供佛。这即是“东坡供石”掌故的由来。

东坡玩石是有家学渊源的，从其父苏洵所作散文《木假山记》中，或许可知晓苏氏三杰及宋代文人为何钟情于石的缘故。苏洵借写木假山的形成、演变中的遭遇，隐喻人生的成长历程。文章最后，又借家藏的三只峰石，来展示人的道德风范：“予家有三峰……予见中峰魁岸踞肆，意气端重，若有以服其旁之二峰。二峰者，庄栗刻峭，凛乎不可犯。虽其势服于中峰，而岌然无阿附意。吁！其可敬也夫！其所以有所感也夫！”苏洵所敬的是意气端重的中峰，服其旁之二峰的气度，所敬二峰服于中峰而绝无阿附意的气节。借三峰的形象，喻示这样的做人道理：人居高位，不逞淫威；而服于人者，不曲意逢迎的可敬！

咫尺之间的奇石，缩得山川形胜于一体，“竖划三寸，当千仞之高，横墨数

灵璧石

尺，体百里之迥”。宋末遗民钟情于石艺，多了一层借以远怀故国山河的深意。元代是毡膻君主的异族高压统治，汉人不愿与元廷共事，以专注传统艺术，来舒缓抑郁之情，保持气节。此时的一只唐宋遗石已是价值不菲的古董，足以换得一张唐人书画大家的真迹。画家倪云林用简约疏淡、意境高渺的山水画风格，结构山石盆景，纳尽林泉丘壑之趣。盆景石艺，是元代石文化精彩的一笔。

米元章的后代能得其遗风的莫过于明代画家米万钟。友石比之先祖，更沉迷于石艺，且善治园，北京大学内的勺园，几百年前曾是米家的私园，明人园林风貌今日尚可一窥。

灵璧石

颐和园乐寿堂院内的“青芝岫”，也是当年米万钟在京畿之地的房山睿目识得的，当即爱之难舍，石兴大发，竟不顾一切地要将这只上百吨重的巨石，运回勺园，装点园林。单是运资之费，已至米氏家财告罄，无奈之下，弃荒于中途。后乾隆皇帝倾国之力，运至颐和园，安置在乐寿堂院内。乾隆视若国之重宝，政暇之余，每每端坐在乐寿堂内的紫檀龙椅上，放眼览幸这千古恒定不变的巨石，以为是征兆永世四海升平、天下一统的祥瑞之物。“青芝岫”恢宏的气象，也确是勺园所纳之不下的。

米万钟蓄藏的多只奇石，尚存一石名为“锁云”传留于世，石中右下角刻有铭文，托置此石的座架是精美的硬木雕树瘿随形座，下承四足拉撑高架。一只佳石其底部应是不即斧斤的自然状态，如无座架衬托便不能直立，明代的案头清供石，讲究座架的装饰艺术。此艺兴盛于明代，这有赖于郑和七下西洋，率领当时世界上最庞大的船队，随船带回了产于南洋群岛一带的紫檀等珍贵硬木材料，给明代家具提供了最好的材质，而托置、摆放奇石及其他古董的座架，亦承接了明代家具的菁华。明代座架的艺术风格多样，或光素古朴，或繁丽典雅，现今人们仍屡有发现在样式、纹饰上构思巧妙、造型新奇的前所未见之奇石座架，不禁由衷地感佩中国传统石文化的博大浩繁，折映在座架艺术上竟也是如此的美轮美奂。明人至少认识到了一只适宜的座架，确为所衬托之石增色添辉，提高了奇石的艺术观赏价值。明式座架确也高古大气，独领风骚几百年，至今魅力四射。

奇石与最为相宜的明式座架相配，实现了它整体的美。明代，始可称是中国奇石集大成的时代。

明代之于奇石的第二大成就，是奇石研究在理论、著述上的更加成熟、丰富。林有麟编写的《素园石谱》是在众多石谱中图文并茂、至为完备的一部，共计收录了二百四十六品石，包含了明以前书籍中所有关于奇石的著录，可称奇石总汇。林氏也是明代著名的奇石收藏家，藏有多只祖传的美石，尤以青莲舫砚山最为精绝。一掌可盈握的拳石砚山，极尽群山之姿，《素园石谱》第四卷中这样描述其天造之美：

峰峦崇矗，洞壑窅冥。

曲蹬回岩，环丘复道。

云窝月窦，削壁阴崖。

展转有情，顾盼生色。

二穴者，贮墨之砚池。青莲舫砚山是一只赏、用兼美的古典雅石。

明代画家几乎无一不是玩石名家，皆有精妙藏石，所憾能传世者极少。殊为可幸的是王鏊的一只石山，现藏于当代一藏家之石斋。此石，质如屈铁，雄豪若有龙跧虎踞之势，下承原配桃木随形台座，据主人云："幽暗中观此石，恍如灵璧石精，令质弱胆怯者，�然愔声。"

既是文学家，又是有明一代懂得玩、会玩的内行方家李笠翁对赏石三要素"漏、透、瘦"的诠释，十分到位，给后人择石、评石提供了依据："此通于彼，彼通于此，若有道路可行，所谓透也；石上有眼，四面玲珑，所谓漏也；壁立当空，孤峙无依，所谓瘦也。"

清代以画竹蜚声天下的郑板桥，爱石之情，不逊于竹。从他"随手题句，观者叹绝"的画作跋文中，深感竹石在板桥笔下是不可分割的一种品种，一种趣味，一种意境：

竹君子，石大人，千岁友，四时春。

一峰石，六竿竹。

磊磊一块石，疏疏两枝竹。

竹、石孰美？是难分伯仲，难见高低的，他在巨幅中堂竹石图的跋文中，一

寿山石

水晶石

叙衷情：

竹有高于石，石有高于竹。

竹石两相平，何须分品级。

板桥画石，收藏石，他的奇石理论，也像他的画一样，极富个性特色。他以为苏东坡玩石比之米元章悟性更高，推崇东坡的丑石论：“彼元章但知好之为好，而不知陋劣之中有至好也。东坡胸次，其造化之炉冶乎。”由此，引出自己的奇石观，石丑当“丑而雄，丑而秀”。

“难得糊涂”是板桥手书众多匾额中，最有名的一块，几乎妇孺皆知。但能知其是一篇砚石铭文的便不多了。

据说那一年板桥去莱州文峰山观郑文公碑，日暮借宿山间茅屋。主人是一儒雅老翁，出语不俗，自云糊涂老人。其室中一方桌面大的砚台，质、刻俱佳，板桥大喜。老人请板桥题名，板桥便题了“难得糊涂”四字，钤“康熙秀才雍正举人乾隆进士”印。因砚石大，留白过多，板桥便请老人写一段跋文。老人挥毫立就，写下了“得美石难，得顽石尤难，由美石而转入顽石更难。美于中，顽于外，藏野人之庐，不入富贵之门也”。也用一印，印文是“院试第一乡试第二殿试第三”。板桥大惊，方知老人是一位退隐官员。有感于糊涂老人的雅号和跋文，板桥又补写了一段：“聪明难，糊涂尤难，由聪明转入糊涂更难。放一着，退一步，当下心安，非图后来福报也。”

清末大臣赵尔丰曾在川边得一奇石，石身上下左右，遍布天生文字一百八十九个，而且篆籀行草楷诸体，无不尽妙，真乃天然“石鼓”。

刻有清代画家高凤翰款的一只石山，得见于文物展销会上。远望此石，突怒端挺，无所依傍，有古高士风。近看，包浆光亮，色如碧玉，古雅之韵，撩人心扉，石质为崂山石（又名海底玉），举近观之，上刊高凤翰的铭文、款识、图章。似西园臂残前之风格，未及细查，即被外埠人购去。

石之佳者，一面成景，便有可观。四面玲珑，乃为神品。倘具八面玲珑，且无一面不奇不雅之石，问世间可有？

清末民国年间，苏州怡园主人顾鹤逸珍藏一峰石，即有此八面之德。顾鹤逸，吴门画派著名画家，富收藏，顾家几代极爱灵、异、奇、怪之石，藏有精绝之品。书画大家吴昌硕是顾氏“怡园画社”画友，彼此诗词唱和、丹青共染之余，常一同鉴赏、把玩顾家藏品，深为鹤庐的“一峰”所倾倒。何为“一峰”？原来是顾家一藏石，吴昌硕特为此石题赠篆书匾额“一峰亭”，并写下一段行草跋文：“鹤翁藏石，高不盈尺，然岩峦洞壑毕具，质如枯木，叩之有声，奇石也。”据顾氏后人告知，此石更为难得的是摆置案头，正侧颠倒，皆为景观。据说顾家平日将石秘藏于匣中，拉开木匣插盖，见一九方衬格，中置一峰石，余之八格内是八只紫檀座，观赏时可随兴换置底座，一座一景，立见山势骤变，顷刻之间，恍若游遍黄山七十二峰。

20世纪三十年代至七十年代，古老的神州大地，战事频仍，运动迭起，尤经“文革”祸水涤荡，几乎所有的传统文化艺术，均遭灭顶之灾。被剥夺了权力的国家官员、备受歧视的知识分子深感压抑，痛苦之余，以种花、养草、玩盆景来消磨难捱的时光。盆景石艺遂兴起于20世纪七八十年代，许多地方都有专业或业余的盆景协会，专司其艺。当历史进入了20世纪八十年代，世界文明高度发展，物质生活虽极为丰富，繁华喧嚣的都市生活却使人们失去了许多自然的乐趣，回归自然，返璞归真，成为人们享受高品位生活不可缺少的内容。人类的政治、经济、文化活动又无法改变地大都发生在城市，受此限制，人们不能如其所愿地生活在山野林泉、烟霞胜景之中，此时的大好山河可向往、可憧憬然却难与居，难与游。山川形色最绝妙的精缩，正是最自然、高古的奇石，石亦从未像今日这样

太湖石

太湖石

广为世人所珍重。

在许多城镇，奇石馆林立，大有超过画廊之势，但许多好石者尚停留在喜好象形石阶段。一只石，非要看出像猫、像狗，又像老鹰，若觉得鹰头部位不太像，硬要动手雕出一个鹰头来，此大谬也！与赏石之主旨相距甚远，有时还会毁掉一只佳石。赏石意趣不高，在于少见古石。不见古石，不知何为佳石。以致几年前出版的一本介绍石的图书，其彩色插图中的名石“青芝岫”的图片竟是石的背面。

美国雕塑艺术家理查德·罗森勃姆是中国奇石的狂热收藏者，二十年前，便远渡重洋，到中国来搜石猎峰。此时，国内的藏石家寥若晨星，文物公司、博物馆，对奇石不收购、不入藏，奇石无价可言，民间见爱者极少，以为无用之物，随意处置。乃至今日常遇这样的情形：有石无座，有座无石，石座两相原配的完物已极难得到。率先抢滩的理查德·罗森勃姆先生以雕塑艺术家独具的审美眼光，发现了中国传统古石是最高妙的天然雕塑，积藏于石之上的中国传统文化意趣，予之无尽的灵感，他将中国传统古石称为学者石、文人石。当时他以低廉的价格买走了多只奇石，出版了文图可观的《中国文人石》一书，书中扉页上那只身硕奇颀，名为“尊贵的老人”的英德峰石，“显示了出众的皱褶、清癯，并有纯正的黑褐色”。石高达7英尺，宽、深却仅为9英寸、8英寸。其孤峙清耸的绝世风姿，无石与之媲美，叹为英石观止。

韩国、东南亚人士，与深受中国传统文化熏染的港澳台同胞一样，深谙“室无石不雅”的奥妙。豪宅华堂摆满钟、鼎、彝、尊、官瓷、玉器，倘无一石点缀其中，纵然金玉满堂，亦难脱一个俗字。奇石不仅是免俗的雅物，其趋吉辟邪的镇宅功能，更令海外人士格外推崇。为得到一只奇石，尤其是古雅可人的奇石（古人收藏过的奇石，其中有古人题铭刻字者更佳），不惜巨资，通过各种途径，以求购得。多少中国传统古石，在金钱的推动下，漂洋过海，从此不复存于中国大陆。古石价格飙升暴涨之甚，以致国人没有足够的经济能力来保住古石不再外流。1997年，国内的一位古玩店老板，从山东买回一只英德巨石，高可过人，重达两吨，且不论石之如何，带有原配黄花梨书卷式大底座，已属世间罕见，似此安置于厅堂的英石巨构，恐江南众多名园，憾无一只。然无多日，此峰亦为他山之石，着实令人扼腕痛惜。

书画大师、旧王孙溥儒的一只灵璧石，数年前流入一天津籍藏石家之手，寸峰之间，危岩耸峙，大有宋代名石“壶中九华”的韵味，心畬题石名为“方壶”，并用铁线篆刊于石凹处，下镌“心畬”方形朱文小章。石色漆黑，包浆亮雅。若有通音律者以手叩石，即可奏出音阶，其声悠扬悦耳，正是古人搜岩剔薮亦难得之的八音灵璧磬石，而今能留存于沽上人家之石斋，不独为天津石界之幸。一位当代著名画家走进这位古石收藏家的石斋，艺术家的视线即刻被立于墙角几架上的又一只奇石所吸引，连呼“云！云！可以入画，可以入画……”惹得画家激情难禁的这只奇石，真似云集雾列而成：

窦窍坎坳掩直理，横皴始得上九霄。

几与造物争奇妙，云雨巫山两不分。

造化之奇妙，妙在石之轻虚缥缈，似祥云缭绕于室中，始知古人“种花招蝶，买石得云”确是妙撰佳对。窃以为种花招蝶，终不如买石得云。因花木虽然可爱，但岁有荣萎，鱼鸟亦可怡情，但饲豢劳身。复观世间万物，唯石与天地同期造化，不养而成，不期而遇，而在人类林林总总、数不胜数的各项收藏中，唯石是最贴近自然、最高妙古雅的收藏。唯其自然，方为最高意境，诚如老聃所言：“人法地，地法天，天法道，道法自然。”士之藏石，或可曰：“上士闻道，勤而行之；中士闻道，若存若亡；下士闻道，大笑之。不笑，不足以为

叶蜡石

道。”下士虽乐而不为，上士何乐而不为，低俗高雅，了然分明。大雅之道，名士风流自当深考。

石是野逸散淡的，它天趣所在，愉悦了古往今来多少托石寄情的幽人，足不出门，坐穷泉壑，卧游山川之情。

石是伟大的，它千古不变的坚固，象征世间永恒的真情。

石是静默庄严的，仿佛阅尽人间春色，依然独善其身的古贤。

石是独立不移的，这又不禁令人想起清代最具才情的诗人袁枚赞誉漓江山水的名句：

青山尚且直如弦，人生孤立又何妨。

是的，一座峥嵘百丈、壁立千仞的险峰，是何等的兀傲，一如孤标高节的绝代英士。

石是怀情冷逸的，它不娱俗眼，与金钗艳妇云烟阻断，与清介寒士比肩并立。它不慕富贵，不嫌贫穷。不因人喜而骄矜，不因人弃而委顿。石与人无求，人自石所得是无尽的。若心与石相通，石则与万物通。石方能歌、能啸、能慕、能诉……石伴你终生无倦容。

今时古贤张传伦（代后记）

古人的三不朽是立德、立功、立言，立言排在最后。所以，古代没有专业散文家、书法家，古人也不屑于做专业散文家、书法家，都忙着修身立德垂范后世，立功建业上凌烟阁。当代称职的专业散文家、书法家屈指可数，有人散文、书法属一流，写字作文却只是业余爱好，张传伦先生就是其中之一。

子曰：君子不器。很难把张传伦归类。他是美食家，17岁“票菜”随名厨墩上、案上、灶上真枪实弹地演练，吃遍天下，不仅品美味，饮美酒，也能著美文，如《拔丝葡萄》《美食家与书法家》等，而且还能亲自掌勺，据说最拿手的福建第一名菜“佛跳墙”好过京城大饭店的。美食家是他最满意的归类，他的口头禅是“开心就好”。 他好美食，好美酒，好美人，好美景，好美文，好名画，好古玩，好一切美好的事物，是位性情中人，一位会玩的真玩家，所以《古今玩家纵横谈》写起来得心应手。

他是不以书家为荣的书法家，二十年前其润格就与一流书法家相颉颃，内行的书家许为当代作家中隶书第一。（那时写的巨幅隶书四条屏，最近才请四位大名人董桥、米景扬、何家英、唐云来先生分别在天头诗塘各写了几十字的题跋，以为自己珍藏。）他认为写字乃文人的基本功，不值一提，甚至说昔日的账房先生都比现在书协主席的字好，因为写字对他们来说是童子功，而且每日都要操练，当然比时下忙于应酬开会收红包信笔涂鸦鬼画符误人子弟的书法家技法娴熟。他与其尊崇的董桥先生都认为：书法家的字不值钱，大文人的字才最有价值。聪明人往往下笨功夫，他每天不是临帖，就是读书，写文章。

他是收藏鉴赏家，在收藏界曾有“北张（传伦）南周（纪文）”之誉，有专著《文玩架座欣赏》《张传伦说供石》等行销海内外。嘉德公司为他举办过专场拍卖会，每月各拍卖公司寄来的拍卖图录应接不暇。虽然收藏宏富，尤以磬、奇石和大理石藏品之夥之精为业界所推重，但他不肯与土豪冤大头为伍，不愿被称为“收藏家”，那些人一掷数千万、数亿元，买回一堆假货，却以收藏家自诩。他是收藏家，却以鉴赏自豪。今春去海南，主要是游览，“无意”中却得了三件收藏品。伍立杨先生的《潜龙在渊——章太炎传》即将出版，张传伦对章太炎也下过功夫，并写过几万字的长文，所以他对伍立杨的这部章传格外有兴趣，欲先睹为快。伍先生于是把自己的工作稿本送给张传伦，上面有上百处修改的手迹，并应张传伦之请用毛笔写了几十字的题词，签字盖章。另一件是海南六庙的抱柱联，高达两米多的巨构，文曰：“六韬三略孙武法，庙文村章孔圣书”，戳在一家古玩店洗手间里。张传伦一眼看中，三分钟谈成交易。当地主管文化的一位官员说：这本应该由海南博物馆收藏。惋惜之情一览无余。第三件是一座香木木假山，因为张传伦出版过长篇散文《柳如是与绛云峰》，对木假山情有独钟，在古玩市场得到那座木假山，一见倾倒，天然形成山峰、山腰、山脚之绝妙，大有人工所不及者，马上打道回府，欣喜之情溢于言表。今春香港嘉德拍卖专场，从日本大亨手中抢下两件青铜器，以个人之力做了大财团甚至国家应做之事，每每提起就颇为自豪，尽显收藏家本色。

他是散文名家，作品见于《收藏家》《荣宝斋》《天津文学》《四川文学》《文学自由谈》《文学报》《今晚报》《天津日报》等报刊，并有长篇散文专著

《柳如是与绛云峰》行世。该书打破了散文与小说的界限，融虚构与纪实于一体，集才女传奇与文石知识于一篇，属于跨文体写作。在香港《苹果日报》所发文章，尤其引人注目，深得文学大师董桥先生激赏，并特意为张传伦的散文集《铁如意》撰写序言《山爱夕阳时》。

董桥先生在序言中说："天津风水好，养出张传伦这样务实的雅士。这边几位收藏家都读他的文章，纷纷约饭局，看古董。我叨光了，见识张传伦的识见，鉴赏张传伦的赏鉴，真在行。谁说的不记得了，说传伦老弟满身时髦，满心古风，有些举止有些言谈很像书上写的古人，连一些事情的想法做法都古意盎然。到底线装书斋里浸淫久了，不受西洋文化污染，应付俗事不忘圈进乌丝栏里蹈袭自在，我和他从此忘年交往，謦欬相得。"并盛赞张传伦的书法："了不得，不输古人。""真羡慕他做那么多事情还腾得出时间练字。"

2013年5月下旬我们受邀赴常熟参加"虞山雅集开幕式暨《中国琴歌发展史》首发式"，2015年3月下旬去海南出差，有幸与张传伦先生同行，亲眼见识了他的勤奋。笔墨随身携带，每天早晨五点多即起临帖，要写足数纸才罢手。纸张就用饭店的信笺。见者莫不以收藏为荣。他谨遵吴玉如、启功的教诲，临帖不止，一写就是四十多年，功夫自然了得。

多才多艺的大师，总是因自己被限定为"某某家"而苦恼，常常为突出自己某个领域的造诣而故意轻视自己在另一领域众所周知的成绩。林纾为了彰显自己的古文地位，拼命贬损自己诗歌的价值，甚至极而言之："六百年中，震川外无一人敢当我者；持吾诗相较，特狗吠驴鸣。"（钱锺书《林纾的翻译》）张传伦先生会怎样排列自己的成就？1. 美食家；2. 收藏鉴赏家；3. 书法家；4. 散文家？

张传伦天分高，又刻苦自励。为了避免自己懈怠，保证在香港报纸上每月发一篇文章，他先让人定做了十二个整版报纸大小的镜框，悬于素壁，时刻激励督促自己随时动笔。结果十二个镜框终于全装上了样报，很快又由每月一篇发展到每月两篇、每周一篇。勤于学，敏于行，成绩有目共睹。

张传伦下笔典雅，亦白亦文，多用文言词语。追慕古贤高士，臧否人物，最重气节。如对明末书法家王铎，因其卖主求荣，所以有愤激之语——“于我而言，这厮的字贵贱不要！”（《这厮的字贵贱不要》）遵从孝道，敬事父母，承欢膝下，其乐融融。“都已八十岁的父母跟我过，比我胃口还好比我还能吃肉，老爸餐饮时还能酌量喝三种酒再打八圈麻将，一点儿不累。”（《从冰心墓碑被涂闲话古今孝道》）古道热肠，十几年前，何家英还没有如日中天之时，张传伦不仅积极促成其在香港办画展，而且为了督促画家，竟花费近一年的工夫，几乎天天陪伴何家英，铺纸研墨，聊天，钤印。文物为轻，友情为重，将珍贵优美的汉代陶凫连同自制的架座，慨然相赠，几十年的交情，日益深厚。（《何家英收藏的汉陶凫》）提出弘扬古代吟诵之风，真正做到“心到、眼到、口到”，字字出声，字字入眼，字字上心。（《读书要出声》）

由于结交的多是著名画家、书法家、艺术家、收藏家，如吴玉如、溥佐、启功、慕凌飞、范曾、米景扬、董桥、王春瑜、冯大中、何家英、伍立杨、霍春阳、溥雪斋的九格格、王爱媛、津门四毓、杨广泰、周纪文、高在朗、常东祥、万永强、制陶大师包志宽、刻铜名家王少杰，等等，使张传伦见多识广，触类旁通，写起这些朋友来就栩栩如生，常有少少许胜多多许的效果。所著妙文，既有范曾的豪情激情诗情，又有董桥的雍容宽容从容，不负两位大师的点拨。一两千字的短制精彩纷呈，耐人寻味，写起来得心应手一挥而就；一两万字的长文亦从容不迫，有条不紊，那更见真功夫。如两万字的名文《“民国范儿”的可范儿与不可范儿》，一经发表就颇得好评。陈寅恪、罗家伦、刘文典、辜鸿铭、蔡元培、傅斯年、章太炎、黄侃、钱玄同、刘半农、凌淑华、周氏兄弟、林语堂、梁实秋、苏雪林、张爱玲、杨树达、杨荫榆……众多大师名流纷纷云集笔下。“所谓‘民国范儿’，垂范千秋的永远是雄强耿直的风骨，纯粹率真的性情，他们从容淡定，掩不住干云的豪气，所以他们在许许多多的场景中，不做主角都难，有时君主竟成了陪衬。”张传伦所说的“民国范儿”，大概就是陈寅恪1929年所作王国维纪念碑铭中提倡的“独立之精神，自由之思想”，外加渊博之学识与鲜明之个性。他们进可做大学校长、任驻外大使，为国效力；退可当教授、办报纸、编刊物、成立出版社，抨击时弊，挥斥方遒。“北大大，清华清”，兼容并包，潜心问学，对教育的发展殊途同归；即使日寇入侵十几年，也无法挡住西南联大、浙江大学等校人才泉涌、大师辈出。如今七十多年过去了，真让人感慨万千。张传伦意犹未尽，要把“民国范儿”这个题目做足，写成五六万字的专著，单独成书，可见他对民国群星璀璨、大师辈出、名士争锋的怀念和向往，追思那“遥远的绝响”和“湮没的辉煌”。其他的万字长文还有《我识章太炎》《袁世凯纵横谈》《古今玩家纵横谈》《漫话中国历代奇石收藏》，都是被人传诵的佳作，《漫话中国历代奇石收藏》还被收入由季羡林主编的大型丛书《百年美文·艺术卷》，是那一卷的大轴之作，张传伦由此跻身百年散文大家行列。

作者知识广博，富有情趣。如写向范曾问字求学、与范师赏画品书、互赠精品的文章就有三篇，描写生动，刻画入微，范曾的音容笑貌如在眼前。纠正了张岱《陶庵梦忆》编辑的注释错误：“龙脑尺木”不是龙脑上一尺见方的地方，而是龙头上有一额突称“尺木”。（《龙的“尺木”》）揭秘了困扰鲁迅终生的“人形何首乌之谜”：“那是古今奸商和药农联手的把戏，像人样的都是人工的炮制，和模制葫芦匏器的做法大同小异，何首乌属蓼科，多年生缠绕草木，地下的块状根茎未长大时，被人预先套上刻好的带头脸、四肢、男女生殖器的模具，块茎便顺其所约在里面慢慢生成人样。”（《“民国范儿”的可范儿与不可范儿》）。举十多个例证告诫舞文弄墨之人：用字要讲究，下笔需谨慎，避免一语成谶。（《文字里的玄机》）

张传伦在几个领域都成就斐然，知名度极高，却是位体制外的自由职业者，大家都羡慕他的时间自由、行动自由、爱好自由。一次我们在平山道百饺园吃饭，等菜的工夫，一位女士过来打招呼，执意要送张传伦一瓶市面上见不到的王朝名酒。原来传伦曾指点过女士的儿子写作文。我们乐得享受美酒，同时惊叹张传伦“天下无人不识君”的幸运。张传伦交游广，朋友多，文友、书友、藏友、食友们闻知他出了新书，纷纷捧场，《铁如意》还没上市，各路知交已经订购了两千多册，皆大欢喜。

“每年出版的散文集数以万计，然能得散文大家董桥先生欣然赐序，人物画大师何家英先生为作者倾情造像，迄于今，唯此一书！”这是《铁如意》的腰封用语，也是实话实说。

文史大家王春瑜先生、著名学者型作家伍立杨先生都是著作等身、眼高于顶、善恶分明的人物，充满了“我辈何等人哪”的自负，见到张传伦的收藏，读了张传伦的文章，一致引为知己，有相见恨晚之慨。王春瑜先生不但把张传伦的书稿推荐给老牌名社——商务印书馆，而且主动提出为此新散文集作序，并且是用毛笔写！虽然王先生一贯提携后学，为他们（包括我）发表文章、出版书籍铺路架桥，但对相识不久的张传伦如此器重，还是使吾侪羡慕嫉妒恨哪！

我与张传伦在文史方面有相近的兴趣，所以经常相聚，或电话切磋，对“相见亦无事，不来忽忆君”的境界感同身受。相识五年来他的古道热肠、勤奋和多才多艺对我影响很大，这是我时刻铭记的。

张传伦精力充沛，兴趣广泛，知识广博，所以董桥先生为张传伦起了“静斋”的斋号，并把此二字用毛笔以八分古体、拟何绍基笔法，各写了一幅。张传伦表示要谨遵董桥先生的忠告“静心写磬史，少应酬，少经营，静中自会见成绩”，集中精力，摒除杂务俗事，整理自己磬的积累，梳理中国磬之文化、礼仪传统，对自己几十年的专项收藏做一个总结，写一部专著，为保护传承弘扬国粹尽一己之力。出版社闻风而动，已经与张传伦签订了《中国磬史》的出版合同，他已无路可退。他目标很大，志向很高，自信这部书会像王世襄的《明式家具研究》一样，成为各所大学相关课程的必读书，既是开山之作，也是名山之作，不但载入汗青，而且填补空白。让我们拭目以待。

四十多年前，我还在上初一。学校传达“批林”文件，提到陈伯达曾为叶群写过条幅：“每临大事有静气，不信今时无古贤。”孤陋寡闻，当时以为是陈伯达自出机杼。后来得知先后为同治、光绪两朝帝师、由状元做到宰相的翁同龢曾经使用，乃清代中期人集《兰亭序》字所作楹联，见梁章鉅《楹联丛话》。现在移来形容“笔力点酥琢玉，思路镂雪裁冰”“读书多，阅世深，性灵富”“杂学富，文采厚”（董桥）的张传伦先生，应当十分妥帖。

近日，广大读者得见张传伦荣登2015年《文学自由谈》杂志封面人物，此刊素有中国文化艺术界《时代周刊》之美喻。

张传伦先生新书行世，特嘱我“赐一书评”，及张先生见此文题目，急呼不可，“今时古贤，我何敢当？！传伦此生不过一心学做圣贤罢了。”传伦先生卌载瑰行嘉言，实有最好之解释。

高　为